Thomas Böhm

Fachkunde Elektrotechnik

Für Einsteiger

Alle Grundlagen, wichtigen Details und spezifische Fachkenntnisse leicht verständlich erklärt und beigebracht

(inkl. Tabellenbuch, Übungen, Baukasten uvm.)

INHALT

Das erwartet Sie in diesem Buch

Das vorliegende Buch vermittelt in insgesamt sechs Teilen die Grundzüge der Elektrotechnik. Hierbei werden Themen wie Grundlagen, Kraftfahrzeuge, Gebäude und die Bustechnik übersichtlich beschrieben. Der sechste Teil umfasst Beispiellösungen zu den Aufgaben, die nach jedem Teil folgen. Dies gewährleistet einen umfassenden Informations- und Rechercheaufwand für den Anwender dieses Buches, denn durch die hier erfassten Informationen und die eigene Recherche wird das erlernte Wissen erfolgreich gefestigt und kann so zur Anwendung im Rahmen von Ausbildung, Studium oder auch Weiterbildung verwendet werden. Dieses Buch setzt einen grundlegenden Wissensstand voraus, allerdings werden grundlegende Themen zu Beginn kurz skizziert. Das gewährleistet, dass Anwender mit unterschiedlichen Wissensständen erfolgreich mit der Durcharbeit dieses Buches starten können.

Das erste Kapitel beinhaltet Grundlagen zur Elektrotechnik. Unter anderem wird der Leser über Schutz und Sicherheit in diesem Themenbereich aufgeklärt und es werden elektrische Grundlagenschaltungen aufgezeigt. Im Kapitel Kraftfahrzeugtechnik wird deren Aufbau nähergebracht und es werden die Unterschiede zwischen Sensorik und Aktorik veranschaulicht. Das dritte Kapitel behandelt die Gebäudetechnik. Hier werden die verschiedenen Netzstrukturen und die Aufbauten sowie verschiedene Absicherungsarten neben der Planung von Gebäuden veranschaulicht. Im vorletzten Kapitel wird die Bustechnik dargestellt. In diesem Kapitel geht es vor allem um die Bereitstellung und Übermittlung von Informationen über definierte Protokolle; auch hier findet wieder eine Aufteilung zwischen Kraftfahrzeug- und Gebäudetechnik statt. Im fünften Kapitel folgen Praxishinweise. Es werden Tipps und Tricks zur Arbeit an elektrotechnischen Anlagen aufgeführt. Damit ist ein umfassendes Werk geschaffen, dass verschiedene Systeme übersichtlich und einfach aufzeigt und so dem Anwender einen guten Überblick verschafft. Viel Spaß beim Durcharbeiten!

DISCLAIMER

Obwohl dieses Buch durch Fachpersonal mit größtmöglicher Sorgfalt erstellt wurde, kann es Fehler enthalten. Die Auswahl an Übungen und theoretischen Grundlagen sowie die aufgeführten Tipps und Tricks sollen den Leser dieses Buches weder zur Nachahmung noch zum Ausprobieren animieren. Elektrischer Strom ist lebensgefährlich, wenn nicht spezielle Schutzvorkehrungen getroffen wurden und das entsprechende Wissen nicht vorhanden ist. Daher wird für entstandene Schäden aufgrund dieses Buches oder daraus resultierender Fehler an eigenen oder fremden Installationen keinerlei Haftung übernommen. Falls Sie wirklich spezielle Fragestellungen zu bestimmten Themen haben, wird empfohlen, einen örtlichen Elektriker aufzusuchen. Auch sind spezielle Kurse, z. B. bei der Handwerkskammer oder in speziellen Schulungseinrichtungen, denkbar.

Daher wird nochmals ausdrücklich betont: Für Schäden jeglicher Art durch Handlungen aufgrund dieses Buches wird keinerlei Haftung übernommen. Dieses Buch dient alleinig der Wissensvermittlung im Bereich der Elektrotechnik.

In „Quellen und weiterführende Literatur“ auf Seite 145 werden die verwendeten Quellen aufgeführt. Diese können Ihnen auch als weiterführende und vertiefende Informationsquelle dienen.

GENDERHINWEIS

In diesem Buch wird ausschließlich die männliche Form bei Berufsbezeichnungen und Personenbeschreibungen aufgrund ihrer kurzen Darstellung und der besseren Lesbarkeit verwendet. Selbstverständlich ist auch immer die weibliche sowie diverse Form mitgemeint.

Einleitung und Anwenderhinweise

Dieses Buch handelt von Elektrotechnik und ist speziell für Interessenten, Hobbyanwender und Lernende ausgelegt. Es zeigt verschiedene Themengebiete der Elektrotechnik auf, wobei diese Themen mit Fragestellungen aufgegriffen und erläutert werden. Im Anschluss an jedes Kapitel erfolgt ein Übungsteil, in dem der Anwender seine Kenntnisse weiter vertiefen kann.

Die Zielgruppe dieses Buches sind all diejenigen,

- die sich mit der Elektrotechnik auseinandersetzen möchten.
- die handwerklich begabt sind und sich einschlägig fortbilden möchten.
- die eine elektrotechnische Ausbildung oder ein Studium anstreben.
- die praxisorientiert die Elektrotechnik erlernen wollen.

Leser sollten vor der Durcharbeit dieses Buches die grundlegenden Zusammenhänge zwischen Strom, Spannung und Widerstand kennen. Dies erleichtert das Verständnis enorm, da dieses Buch nicht bei den absoluten Grundlagen beginnt. Das Buch zeigt eine große Bandbreite an elektrotechnischen Anwendungen von Kraftfahrzeugelektrik über Gebäudeelektrik bis hin zu Bustechnik auf. Zum Schluss werden noch Anwenderhinweise in Form von Tipps und Tricks für die Praxis veranschaulicht.

In diesem Buch werden Textfelder als Hinweis, Zusammenfassung oder auch als potenzielle Gefahrenquelle angewendet. Nachfolgend ein Beispiel:

Jeder Hinweis, wie er in diesem Beispiel aufgeführt ist, beinhaltet weiterführende Informationen zu gewissen Themen oder beschreibt Sachverhalte näher. Ebenfalls werden solche Hinweise (auch Textbox genannt) als kurze Zusammenfassung wichtiger Inhalte angewendet.

Diese Art von Hinweisen erfolgt aufgrund der Erfahrungen des Autors. Diese Erfahrungen beruhen auf verschiedenen Grundlagen, wie z. B. auf häufigen Fehlerquellen des Autors selbst oder Fehlern anderer. Nicht nur Fehlerquellen werden herangezogen, auch „Glücksgriffe" und Entscheidungsschwerpunkte können neben kurzen Zusammenfassungen so kenntlich gemacht werden.

Für eine bessere Übersichtlichkeit in diesem Buch wurde je Teilgebiet ein Inhaltsverzeichnis mit den einzelnen Fragestellungen zusammengestellt. Zudem wird die Leserführung verbessert, indem in der Kopfzeile immer auf der linken Seite der Teil des Buches und auf der rechten Seite das Themengebiet aufgeführt sind. Somit ist jederzeit eine Orientierung im Buch möglich.

Elektrischer Strom ist gefährlich! Daher sollte sich der Leser dieses Buches weder genötigt noch verführt fühlen, die hier aufgeführten Tätigkeiten nachzumachen. Alle hier aufgeführten Tätigkeiten wurden durch Fachpersonal und unter Laborbedingungen durchgeführt.

Immer, wenn möglich, ist im Text auf tiefergehende Informationen im Anhang, wie z. B. Checklisten oder andere Werke, verwiesen. Dies rundet das Buch ab. Auf die Erstellung eines Glossars wurde bewusst verzichtet, da im Internet jegliche Begriffe schnell und einfach nachgeschlagen werden können. Eine Möglichkeit bietet das kostenfrei verfügbare Wirtschaftslexikon, wie im Kapitel „Quellen und weiterführende Literatur" in Nummer [1] aufgeführt.

Teil I: Grundlagen

Die Elektrotechnik ist ein wesentlicher Bestandteil unserer heutigen Zeit. Nichts funktioniert mehr ohne Elektronik und Elektrotechnik. Diesen Umstand verdanken wir uns selbst, denn wir wollen alles kleiner, handlicher, leichter und dabei schneller, besser und moderner haben. Doch wie funktioniert die Elektrotechnik im Detail? Was steckt dahinter und wie wird Elektrotechnik beispielsweise in Kraftfahrzeugen und Gebäuden realisiert? Hierzu wird im ersten Teil – den Grundlagen – die Elektrotechnik erläutert, elektrische Grundschaltungen veranschaulicht sowie auf Schutz und Sicherheit eingegangen. Der erste Teil schließt mit einem Übungskapitel ab und vertieft damit die Kenntnisse des Lesers durch eigene Recherche.

DIE ELEKTROTECHNIK UND IHRE EIGENHEITEN

Die Elektrotechnik – und hier insbesondere die Fehlersuche – ist ein sehr interessanter Bereich. Doch warum brauchen wir Elektrotechnik und was kann man damit alles machen? In diesem Kapitel gehen wir auf die Elektrotechnik ein, wozu und wo sie überall eingesetzt wird und wie dies alles ineinandergreift, denn unser europäisches Stromnetz bedarf einer genauen Regelung, andernfalls kommt alles aus dem Gleichgewicht.

Wie werden Einheiten in der Elektrotechnik dargestellt?

Die Elektrotechnik besteht im Wesentlichen und vereinfacht dargestellt aus

- Spannung; Formelzeichen V für Volt

- Strom; Formelzeichen A für Ampere

- Widerstand; Formelzeichen Ω für Ohm

Diese drei Grundgrößen spielen in der Elektrotechnik die größte Rolle. Damit ein Strom fließen kann, wird eine Spannung benötigt, um den Strom durch einen Widerstand „hindurchzudrücken". Damit kann die Spannung auch als „Druck" dargestellt bzw. damit verglichen werden. Daraus ergeben sich die sogenannten SI-

Basiseinheiten. Diese Einheiten sind direkt messbar:

Tabelle 1: SI-Basiseinheiten [2, S. 21]

Basis-größe	Länge	Zeit	Masse	Strom-stärke	Tem-pera-tur	Licht-stärke	Stoff-menge
Formel-zeichen	l	t	m	I	T	I_V	n
Basisein-heit	Meter	Se-kunde	Kilo-gramm	Ampere	Kelvin	Can-dela	Mol
Einheits-zeichen	m	s	kg	A	K	cd	mol

Die EN ISO 80000-1 veranschaulicht neben den in Tabelle 1 veranschaulichten SI-Basisgrößen auch weitere Informationen und Definitionen zu Größen, Größensystemen, Einheiten, Formelzeichen für Größen und Einheiten [3].

Diese Einheiten werden um Vorsätze für ein Vielfaches oder einen Teil erweitert, die Tabelle 2 veranschaulicht einen Teil dieser Einheiten.

Tabelle 2: Vorsätze von Einheiten für ein Vielfaches und einen Teil [2, S. 21]

Vorsatz	Zeichen	Faktor	
Giga	G	10^9	1 000 000 000
Mega	M	10^6	1 000 000
Kilo	k	10^3	1 000
0	0	0	0
Dezi	d	10^{-1}	0,1
Zenti	c	10^{-2}	0,01
Milli	m	10^{-3}	0,001
Mikro	µ	10^{-6}	0,000 001
Nano	n	10^{-9}	0,000 000 001
Pico	p	10^{-12}	0,000 000 000 001

Mit diesen physikalischen Größen und den Vorsätzen lassen sich Werte übersichtlich und besonders gut darstellen. Alle Werte sind allgemeingültig und somit international verständlich. Dadurch kann jeder Mensch mit einem Wert von 230 V oder 10 A etwas anfangen.

Hieraus ergeben sich bereits erste Formeln:

Formel 1: Errechnung der Spannung aus Widerstand und Strom

$$U = R \times I$$

Formel 2: Errechnung des Stroms aus Spannung und Widerstand

$$I = \frac{U}{R}$$

Formel 3: Errechnung des Widerstands aus Strom und Spannung

$$R = \frac{U}{I}$$

Mit diesen Grundformeln können bereits einige Werte berechnet werden. Interessant sind hier bestimmte Fragen: Wenn beispielsweise der Widerstand und die Spannung bekannt sind, wie hoch ist dann der Strom, der durch die Leitungen fließt. Es kommt jedoch häufig vor, dass die Leistung bekannt ist und nicht die Stromstärke. Die Leistung wird mit Watt (W) angegeben und hat das Formelzeichen P. Mit dieser vierten elektrischen Einheit lässt sich nun eine weitere Formel ableiten:

Formel 4: Errechnung der Leistung aus Spannung und Strom

$$P = U \times I$$

Diese Formeln lassen sich nun untereinander kombinieren, sodass beliebige Werte berechnet werden können. Mögliche Umstellungen und Kombinationen sind in Tabelle 3 aufgeführt.

Tabelle 3: Übersicht elektrotechnischer Formeln

Berechnung von	Formeln		
Leistung	$P = U \times I$	$P = \frac{U^2}{R}$	$P = R \times I^2$
Spannung	$U = R \times I$	$U = \frac{P}{I}$	$U = \sqrt{P \times R}$
Widerstand	$R = \frac{U}{I}$	$R = \frac{U^2}{P}$	$R = \frac{P}{I^2}$
Strom	$I = \frac{U}{R}$	$I = \sqrt{\frac{P}{R}}$	$I = \frac{P}{U}$

Damit lassen sich nun Werte im Gleichstromkreis (DC) berechnen. Neben dem Gleichstromkreis gibt es noch den Wechsel- und Drehstromkreis (AC). Beim Wechselstrom kommt noch die Frequenz (Hz) als weitere Einheit hinzu. Die Frequenz gibt an, wie oft der Strom zwischen dem Plus- und Minuspol wechselt. In Europa ist eine Frequenz von 50 Hz üblich. Das bedeutet, dass die Polarität 100-mal pro Sekunde wechselt.

Wie funktioniert das eigentlich?

Ein Gleichstrom bedeutet, dass die Spannung und der Strom sich immer auf einem gleichen Level befinden, wobei beim Wechselstrom dieser immer zwischen einem positiven und einem negativen Wert bewusst wechselt, in Europa sind das häufig 230 V, in der Tabelle 4 ist der Unterschied aufgezeigt.

Tabelle 4: Veranschaulichung Gleich- und Wechselstrom

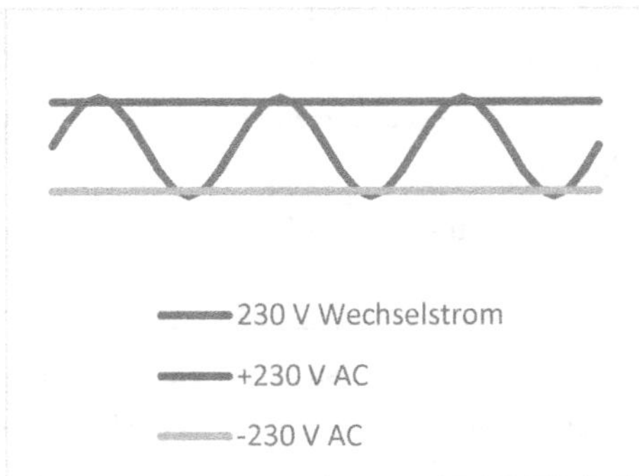

Einen Gleichstrom können wir in Batterien, „zwischenlagern“ und so bei Bedarf abrufen. Klassische Beispiele sind der Akku des Smartphones oder die Batterie in der Fernbedienung.

Wechselstrom hingegen kann nicht wie Gleichstrom einfach gespeichert werden. Das liegt daran, dass die Elektronen beim Gleichstrom immer in eine Richtung fließen und somit auch in eine Richtung gespeichert werden können, beim Wechselstrom ist dies nicht der Fall. Daher werden Strommengen in Gleichstrom umgewandelt und so entweder in Batterien oder in großen Stauseen gespeichert. Letzteres geschieht, indem Wasser aus einem höhergelegenen Gebirgssee durch eine

Turbine geleitet wird, die an einem Generator angeschlossen ist. Dieser produziert Wechselstrom. Wenn ein Stromüberschuss besteht, beispielsweise wenn zu viel Wind- oder Sonnenenergie vorhanden ist, dann wird aus dem Generator ein Motor. Dieser pumpt dann das Wasser aus dem See im Tal wieder zurück ins Gebirge. Damit lässt sich die zuvor produzierte Energie speichern. Allerdings ergibt dies nur dann Sinn, wenn die Energie auch umweltfreundlich hergestellt wurde, Beispiele sind hier Sonnen-, Wasser- und Windenergie. Hierzu wird allerdings Drehstrom benötigt.

Der Drehstrom wird durch drei 230-V-Phasen, die um jeweils 120° verschoben sind, generiert. Dabei entsteht ein Drehfeld, dessen verkettete Spannung die Höhe von 400 V ergibt. Gemäß DIN 40108 wird in Europa das dreiphasige Netz nach seinem Effektivwert benannt: ‚400 V Drehstromnetz'. Dieses dreiphasige Drehfeld ist in der Tabelle 5 veranschaulicht.

Tabelle 5: Veranschaulichung eines dreiphasigen Wechselstroms

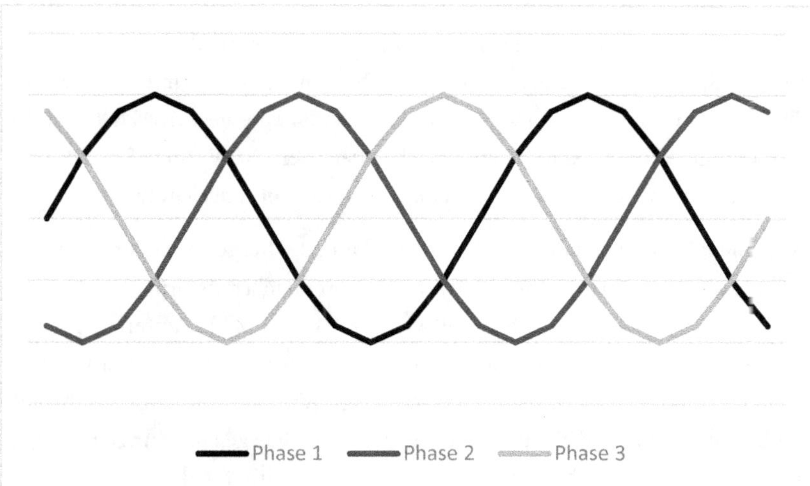

Erzeugt wird dieser Drehstrom durch drei Spulen, die um 120° in einem Generator angeordnet sind. Wenn ein Dauermagnet in der Mitte dieser Anordnung bewegt wird, entstehen diese drei Phasen, genau um 120° versetzt (3 × 120° = 360°). Die Zeichnung 1 veranschaulicht die Anordnung der Spulen.

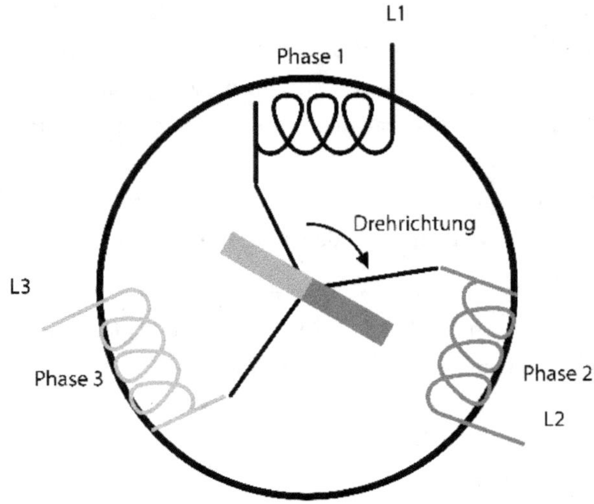

Abbildung 1: Drehstrommaschine mit Dauermagnet

Im einfachsten Fall, einem drehenden Dauermagneten, wird durch Antrieb des Magneten je Spule ein Wechselstrom erzeugt. Der Dauermagnet (mit einem Nord- und Südpol) induziert einmal eine positive und einmal eine negative Halbwelle je Spule und somit je Phase. Dadurch ergibt sich jeweils der 120°-Versatz. Das Resultat ist der in Tabelle 5 veranschaulichte, dreiphasige Wechsel- oder Drehstrom.

Mit einem entsprechenden Transformator kann der hergestellte Strom entweder höher- oder heruntertransformiert werden. Mit einem Transformator ist es außerdem möglich, aus 400 V AC beispielsweise auf 100 V AC herunterzutransformieren. Diese 100 V AC können im Anschluss auch noch gleichgerichtet werden. Hierzu wird zunächst ein Transformator benötigt. Ein Transformator macht aus einer hohen Spannung und einem kleinen Strom eine niedrige Spannung und einen hohen Strom (oder andersherum). Dabei entscheidet mitunter der Größenunterschied der eingesetzten Spulen über die Reduktion bzw. die Erhöhung von Strom und Spannung. In Zeichnung 2 wird der Aufbau eines Transformators aufgezeigt.

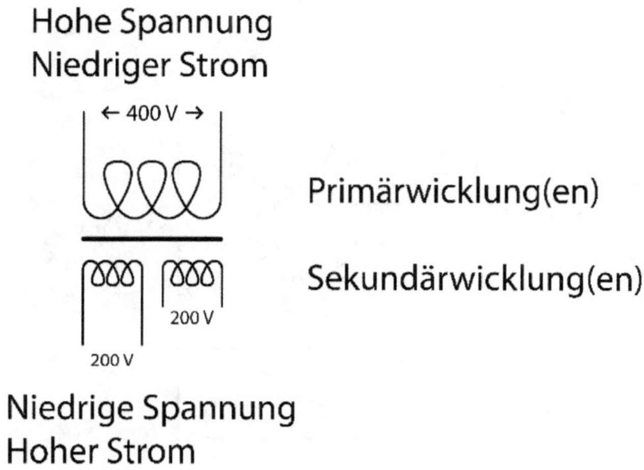

Abbildung 1: Prinzipieller Aufbau eines Transformators

Damit die reduzierte Wechselspannung gleichgerichtet werden kann, wird eine spezielle Schaltung zur Gleichrichtung benötigt. Mit diesem Gleichrichter und den darin verbauten elektronischen Bauteilen, wie Dioden und Kondensatoren, werden die unteren Halbwellen nach oben geklappt und weitestgehend geglättet. Damit wird aus einem Wechselstrom ein Gleichstrom erstellt, die Verschaltung eines Gleichrichters ist in der Zeichnung 3 veranschaulicht. Die jeweiligen Spannungen werden an entsprechender Stelle visualisiert.

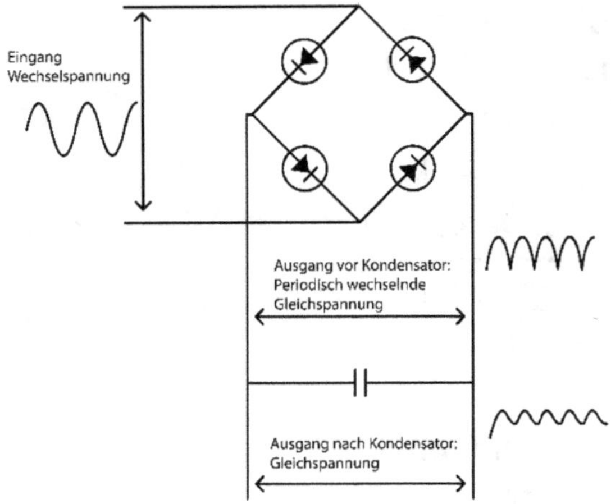

Abbildung 2: Gleichrichtung von Wechselspannung

Die Ausgangsbeschaltung kann noch erweitert werden, sodass nahezu eine konstante Gleichspannung ohne Oberwellen entsteht. Je nach angeschlossenem Verbraucher können mehr oder weniger Oberwellen durchgelassen werden. Bei Computern beispielsweise wird eine konstante Gleichspannung benötigt, um Schäden an deren Hardware zu vermeiden.

Wozu wird Elektrotechnik heutzutage gebraucht?

Elektrotechnik ist aus der heutigen Zeit nicht mehr wegzudenken. Nahezu jede Anwendung wird heute elektrisch betrieben, sogar die Automobilindustrie ist hier immer weiter im Vormarsch. Doch gehen wir zunächst einige Zeit zurück: Als die Menschheit die Kraft des Dampfes entdeckte. Der Dampf konnte damals ganze Fabriken antreiben, vor allem beim Sägen, Hämmern und anderen schweren Tätigkeiten wurde der Dampf damals verwendet.

Allerdings hatte der Dampf einen großen Nachteil: Bei nur wenigen Mengen Wasser konnten ganze Fabriken und in der Nähe befindliche Gebäude vollkommen zerstört werden, daher wurde nach Alternativen gesucht. Schließlich wurde die Möglichkeit entdeckt, mit dem Dampf einen Generator anzutreiben und die so hergestellte elektrische Energie wiederum in Gerätschaften einzusetzen. Dadurch wurde es erstmals möglich, private Haushalte zu versorgen. Immer mehr Geräte wurden elektrisch betrieben: von der Glühlampe über die Eisenbahn und die Schwerindustrie bis hin zum Lichtbogenofen, in dem Stahl gekocht wird. Jegliche Anwendung ist heute denk- und realisierbar. Die Herstellung von elektrischem Strom erfolgt in der heutigen Zeit auf drei unterschiedliche Arten.

Tabelle 6: Energieformen und Energieträger

Energieform	Beschreibung	Energieträger
Erneuerbare Energie (oder auch: regenerative Energie)	Die Herstellung, z. B. von Strom, erfolgt ausschließlich mittels erneuerbarer Energieträger.	- Wind - Sonne - Wasser - Biomasse
Fossile Energie	Die Herstellung, z. B. von Strom, erfolgt mit Abbauprodukten aus der Erde.	- Erdöl - Erdgas - Kohle
Kernenergie	Die Herstellung von Strom wird durch Kernspaltung in einem Kernkraftwerk realisiert. Der Energieträger kann ebenfalls als Fossil bezeichnet werden, da er aus dem Erdreich, ähnlich wie Kohle, abgebaut wird.	- Uran

Häufig werden die Energieträger durch direkten Antrieb eines Generators, beispielsweise mit der Wind- und Wasserenergie, hergestellt. Indirekt erfolgt die Herstellung mit verdampftem Wasser. Dabei wird, z. B. mit Kohle oder Uran, Wasser zum Verdampfen gebracht, mit diesem Wasser wird wiederum ein Dampfgenerator betrieben, der den elektrischen Strom erzeugt. Die Sonnenenergie wird mittels Kollektoren in elektrischen Strom umgewandelt. Beim Erdgas können z. B. Blockheizkraftwerke betrieben werden. Hierbei wird das Gas in einer Art Motor verbrannt, dieser treibt einen Generator zur Erzeugung von elektrischem Strom an, wobei die dabei entstandene Wärme als Heizwärme zur Beheizung von Wohngebäuden genutzt werden kann.

Wer darf woran und womit arbeiten?

Obwohl Elektrotechnik und Elektronik nahezu überall präsent sind, soll und darf nicht jeder daran arbeiten, denn elektrische Geräte und Anlagen sind aufgrund ihrer Spannung unterschiedlich stark gefährlich. Daher werden in der Elektrotechnik folgende Spannungsbereiche unterschieden:

Tabelle 7: Spannungsbereiche und ihre Anwendungen

Benennung	Spannungsbereich	Anwendung
Schutzkleinspannung	bis 50 V AC bis 120 V DC	Kleine Anwendungen bei Kraftfahrzeugen, Steuerungen, beim Betrieb von Kleingeräten wie Smartphone, Computer, Fernbedienungen usw.
Niederspannung	230 V 400 V 750 V	Reguläre Anwendungen in Wohngebäuden: Betrieb von Fernsehgeräten, Waschmaschine, Herd usw.
Mittelspannung	3 kV 6 kV 10 kV 15 kV 20 kV 30 kV	Versorgung von Industrie, Stadtteilen, Kleinkraftwerken, Krankenhäusern, Flughäfen usw.
Hochspannung	60 kV 110 kV	Kleinere Städte, Überlandversorgung, Kleinkraftwerke und Industriebetriebe
Höchstspannung	220 kV 380 kV 500 kV 700 kV 1150 kV	Anschluss von Großindustrie, Großkraftwerken und Großraumversorgung sowie Stromimport und -export

Innerhalb der Schutzkleinspannung können bedenkenlos auch Laien tätig werden, wobei auch hier der Umgang mit elektrischem Strom vertraut sein sollte, denn ebenso bei kleinen Spannungen können beispielsweise Brände entstehen. Allerdings geht von der elektrischen Energie selbst keine Gefahr für Mensch und Tier aus. Das sieht bereits bei der Niederspannung anders aus. Die klassische Spannung im Hausbau beträgt 230 V AC. Diese ist ohne entsprechende Schutzausrüstung und Schutzvorkehrung lebensgefährlich. Mit den weiteren Ebenen wie Mittel-, Hoch- und Höchstspannung haben Laien eher weniger zu tun, da diese besonders gesichert sind und im normalen Umfeld kaum vorkommen. Das liegt daran, dass bei diesen hohen Spannungen kein direkter Kontakt, z. B. mit einem blanken Kabel, erforderlich ist, um lebensgefährlich verletzt zu werden. Ein sogenannter Lichtbogen (Blitz) entsteht, wenn sich eine Person einem unter Spannung stehenden Gegenstand nähert. Dabei ist der Abstand in Abhängigkeit der Spannung zu betrachten. Eine ungefähre Faustregel für den Abstand kann mittels Multiplikation der Spannung mit 0,11 ermittelt werden.

Formel 5: Abstandserrechnung zur Hochspannungsleitung in Abhängigkeit der Spannung

$$Spannung \times 0{,}11 = Abstand\ in\ Meter$$

Beispiel: Bei einer Spannung von 30 kV soll ein Abstand von ca. 3,3 Metern eingehalten werden. Bei 110 kV sind es hingegen schon über 12 Meter! Diese Berechnung ist allerdings ein grober Richtwert. In der dritten Vorschrift der deutschen gesetzlichen Unfallversicherung (DGUV) [2, S. 32 ff.] werden Gefahrenzonen festgelegt, die bei Arbeiten durch Elektrofachkräfte an und in der Nähe von aktiven Teilen eingehalten werden sollen. Diese Gefahrenzonen werden nach der Art der Tätigkeit und der Frage, wer die Tätigkeit wie durchführt, gegliedert. Arbeiten unter Spannung sind nur in bestimmten Situationen und unter strengen Voraussetzungen möglich, diese Arbeiten werden durch speziell geschultes Fachpersonal durchgeführt.

Wenn die Spannungshöhe bekannt ist, kann eine grobe Einschätzung der notwendigen Entfernung durch Multiplikation mit 0,11 erfolgen. Ebenfalls kann die Länge des Isolators einen Hinweis darauf geben. Allerdings dürfen keinerlei Arbeiten im Bereich von Hochspannungen durch Laien durchgeführt werden. Daher gilt ein generelles Arbeitsverbot an aktiven Anlagenteilen!

SCHUTZ UND SICHERHEIT

Wie Sie sehen, ist die Elektrotechnik mit ihren vielen Spannungsbereichen ziemlich komplex aufgebaut. Es werden nachfolgend Schutz und Sicherheit in diesem Tätigkeitsfeld beschrieben. Dabei geht es um mögliche Gefährdungen bei elektrotechnischen Arbeiten und darum, wer oder was zu schützen ist sowie welche Schutzarten und Schutzklassen bestehen. Im letzten Abschnitt wird erläutert, wie elektrische Betriebsmittel auszulegen sind und worauf geachtet werden soll; auch an dieser Stelle unter besonderer Berücksichtigung der Sicherheit.

Wie gefährlich ist Elektrotechnik?

Elektrotechnik kann je nach Spannungshöhe für Menschen und Tiere lebensgefährlich sein. Wenn ein Fehler in einem Gerät auftritt und eine Phase gegen das Gehäuse gelangt, entsteht ein offener Stromkreis. Wenn zum selben Zeitpunkt ein Mensch dieses Gehäuse anfasst, schließt der Mensch den Schaltkreis über die Erdverbindung. Damit erhält er den sogenannten elektrischen Schlag. Jetzt kommt es auf vier Faktoren an:

- Durchströmungsdauer
- Körperstrom
- Spannungshöhe
- Leitfähigkeit

Wenn eine sogenannte Standortisolierung gegeben ist, also der Mensch z. B. durch Gummimatten isoliert ist oder Schuhe mit Gummisohlen trägt, ist er weitestgehend isoliert und die Leitfähigkeit nimmt ab.

Die weiteren Faktoren wie Durchströmungsdauer und Körperstrom sind neben der Spannungshöhe ebenfalls entscheidende Kriterien, die wesentlich darüber entscheiden, ob ein Mensch einen elektrischen Schlag überlebt oder nicht. In der **Fehler! Verweisquelle konnte nicht gefunden werden.** werden die jeweiligen Gefährdungsbereiche in Abhängigkeit von Strom und Dauer mit der jeweiligen Körperreaktion dargestellt.

Tabelle 8: Gefährdungsbereich in Abhängigkeit von Strom und Dauer [4, S. 7]

Bereich	Strom	Dauer	Körperreaktion
AC-1	0,1 bis < 0,5 mA	Beliebig	Kaum spürbar, keine Reaktion.
AC-2	> 0,5 mA bis < 5 mA	Beliebig	Ab 5 mA ist die Loslassschwelle erreicht, Unfälle aufgrund von Erschrecken sind denkbar, z. B. Herunterfallen von der Leiter.
AC-2	> 5 mA bis < 200 mA	Mit zunehmendem Strom verringert sich die Zeit	Ab 25 mA Behinderung der Atmung mit Herzunregelmäßigkeiten und Blutdruckanstieg.
AC-3	> 5 mA bis < 500 mA	Mit zunehmendem Strom verringert sich die Zeit	Muskelverkrampfung, Herzrhythmusstörungen, starke Blutdruckerhöhung.
AC-4	> 50 mA bis < 10.000 mA	Mit zunehmendem Strom verringert sich die Zeit	Tödliche Einwirkung wahrscheinlich. Ab 2.000 mA zunehmende Gefahr durch „Verkochen von innen", also thermische Gefahr der inneren Organe.

Oft wird davon berichtet, dass es Personen gibt, die einen Strom- oder Blitzschlag überleben, bei denen nachweislich mehr und länger Strom geflossen ist. Hierzu kann nur eines gesagt werden: Diese Personen leiden teilweise sehr an den Folgen und sollten somit nicht als Vorbilder für Versuche genommen werden, denn häufig verdanken sie ihr Leben weiteren glücklichen Umständen und dem professionellen Einsatz von Erst- und Rettungskräften, die schnell und besonnen reagierten.

Bei jedem Stromunfall gilt immer an erster Stelle der Eigenschutz! Das Annähern an Personen, die an aktiven Anlagenteilen „hängen", ist so lange untersagt, bis die Anlagenteile nachweislich vom Netz genommen wurden und ordnungsgemäß geerdet wurden. Andernfalls begeben sich Erst- und Rettungskräfte selbst in Gefahr!

Schutz: Wogegen ist wer oder was zu schützen?

Um schwere Stromschläge zu vermeiden, werden Fehlerstromschutzschalter, auch RCD genannt, eingesetzt. Diese RCDs schützen den Menschen, indem sie einen geringen Fehlstrom detektieren und den Stromkreis sofort auftrennen, bevor es zu lebensbedrohlichen Folgen kommen kann.

In der **Fehler! Verweisquelle konnte nicht gefunden werden.**4 sind zwei Szenarien dargestellt: Im grün eingekreisten Bereich wird eine Lampe auf der dritten Phase betrieben. Der RCD löst nicht aus. Im roten Bereich hingegen liegt ein Fehler vor. Wenn nun ein Mensch den Stromkreis zwischen Phase und Erde kurzschließt, erkennt dies der RCD und schaltet binnen Millisekunden die Stromzufuhr ab.

Das geschieht deshalb so schnell, weil der RCD-Schalter auf einem einfachen Prinzip basiert:

➔ Die Summe aller Ströme (L1, L2, L3 und N) muss null sein.

Das bedeutet, dass der RCD immer prüft, dass es keine Abweichung zwischen den angeschlossenen Kabeln gibt. Sollte eine definierte Abweichung von üblicherweise 0,03 A (also 3 mA) erreicht sein, öffnet er den Stromkreis sofort und schützt so vor Stromunfällen.

Der RCD funktioniert allerdings nur dann korrekt, wenn der Schutzleiter vollständig angeschlossen wurde und dadurch der Strom durch den Körper und über die Erde zurück zum Kraftwerk fließen kann. Falls dies nicht der Fall ist, ist der RCD wertlos, denn er wird den aufgetretenen Fehler nicht erkennen.

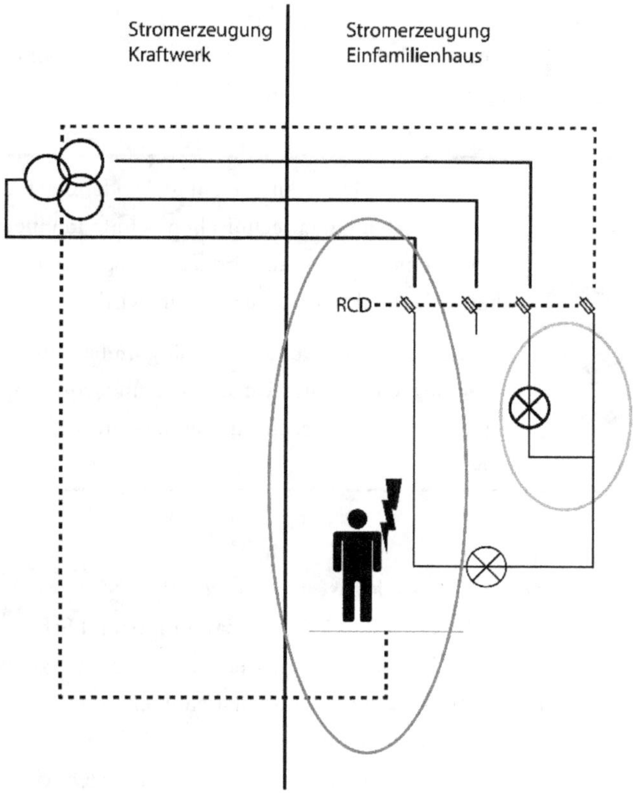

Abbildung 3: Funktionsprinzip eines RCD-Personenschutzes

Ein Gegenteil zum RCD, der eine feste und vollständige Erdverbindung zum Schutz benötigt, ist der Einbau eines Trenntransformators. Dieser schützt Personen, indem er das Netz vollständig abtrennt und somit eine Isolierung zum Kraftwerk, also dem Stromnetz, bietet. Allerdings ist hierbei zu beachten, dass der komplette Boden und alle Arbeitssachen nicht geerdet sein dürfen, andernfalls verliert der Trenntransformator seine Wirkung und ein geschlossener Stromkreis führt wieder zu einem elektrischen Schlag. Wenn jedoch die Isolierung komplett realisiert ist, dann kann bedenkenlos ein Außenleiter in die Hand genommen werden. Achtung! Sobald ein zweiter Außenleiter oder der Neutralleiter in die Hand genommen wird, führt dies wieder zu einem elektrischen Schlag! Ebenfalls führt selbst eine Berührung mit der

Erde zum elektrischen Schlag, denn der Trenntransformator kann bei einem sogenannten zweiten Fehler nicht mehr zwischen „gewollt“ und „ungewollt“, also zwischen „Maschine“ und „Person“, unterscheiden.

Technische Maßnahmen wie ein RCD oder ein Trenntransformator bieten einen technischen Schutz in einem Fehlerfall. Von einem Fehlerfall wird dann gesprochen, wenn versehentlich ein aktiver Leiter berührt wird.

Technische Mittel sind fehleranfällig und können versagen. Daher darf unter keinen Umständen mit Strom gespielt werden! Das gewollte Berühren von aktiven Anlagenteilen ist verboten!

Welche Schutzarten und Schutzklassen gibt es?

Im Rahmen der Elektrotechnik wurden je nach Spannungs- und Schutzart Gefahren erkannt und mögliche technische Maßnahmen zur Reduzierung dieser Gefahren definiert. Damit jeder Mensch diese Schutzmaßnahmen erkennen kann, wurden Schutzklassen definiert und diese eindeutigen Symbolen zugeordnet. Die drei Schutzklassen mit ihrer jeweiligen Kennzeichnung und den zugehörigen Maßnahmen sind in der Tabelle erfasst.

Tabelle 9: Schutzklassen, Kennzeichnung und ihre Maßnahmen [2, S. 331]

Schutzklasse	Kennzeichnung	Schutzmaßnahme(n)
I		Das so gekennzeichnete Gerät ist mit einem Schutzleiter versehen, der an das bestehende Schutzleitersystem angeschlossen wird: beispielsweise Handwerkzeug, Haushaltsgeräte; der Stecker ist als Schuko (Schutzkontakt) ausgeführt.
II		Kennzeichnung für Geräte, die mit einer verstärkten Isolierung ausgestattet sind: Basis- und Zusatzisolierung. Beispielsweise Geräte ohne direkten Metallkontakt wie Mixer und Lampen; der Stecker ist als Eurostecker ausgeführt.
III		Kennzeichnung für Geräte mit Kleinspannung, also alles, was einen Transformator besitzt und keine direkte Verbindung zum Stromnetz bietet, z. B. Rasierapparat, Mobiltelefon. Ausführung in Verbindung mit dem Stromnetz durch Steckernetzteil.

Besonders in der Schutzklasse III gibt es viele Anwendungen, die doppelt oder sogar dreifach geschützt sind. Das ist deshalb so, weil Geräte, die mit dieser Schutzklasse gekennzeichnet sind, keinen Netzstromanschluss haben dürfen. Dementsprechend bestehen sie häufig aus:

1. Dem Gerät selbst, z. B. Rasierapparat, Laptop, Handy uvm.
2. Einem Netzteil, das in die Steckdose eingesteckt wird. Dieses Netzteil hat dann die Kennzeichnung entweder mit der Schutzklasse I oder II (geerdet oder verstärkt).

Damit ergibt sich eine enorme Sicherheit, auch wenn z. B. das Kabel durchgetrennt wird oder andere Fehler nach dem Netzteil auftreten.

Wie erfolgt die korrekte Auslegung elektrischer Betriebsmittel?
Die Auslegung elektrischer Betriebsmittel gilt in erster Linie nach der zukünftigen Benutzung, also was mit den Betriebsmitteln gemacht werden soll. Dabei werden z. B. folgende Fragen beantwortet:

- Wer arbeitet damit oder benutzt das Betriebsmittel oder Gerät?
- Für welchen Zweck ist das Betriebsmittel oder Gerät gedacht?
- Wird das Betriebsmittel oder Gerät eingebaut oder ist es für den mobilen Einsatz gedacht?

Diese Fragen liefern unter anderem eindeutige Hinweise zur Auslegung eines Betriebsmittels. Wenn beispielsweise Betriebsmittel für den professionellen Einsatz konzipiert wurden, z. B. als Testgeräte oder als Handwerkzeug für den harten Einsatz auf Baustellen, dann wird es robuster ausgelegt als für einen Gebrauch im privaten Umfeld. Ebenfalls ist der Zweck eines Betriebsmittels oder Gerätes für dessen Auslegung entscheidend.

Wenn ein Schalter für z. B. 10.000 Schaltungen ausgelegt ist, dieser jedoch täglich 20-mal betätigt wird, ist er nach nicht einmal 1,5 Jahren defekt und muss ausgetauscht werden. Geräte, die für den mobilen Einsatz gedacht sind, unterliegen auch einer besonderen Überwachung. Beispielsweise können bei Handwerkzeugen Beschädigungen am Kabel oder am Gerät selbst vorliegen. Daher ist es bei der Auslegung von Geräten wichtig, den genauen Zweck zu kennen. Aus diesem Grund steht auch in jeder Bedienungsanleitung: „nur für bestimmungsgemäßen Gebrauch zugelassen“ (oder so ähnlich). Das bedeutet, dass jegliche Zweckentfremdung nicht in die Gefährdungsbeurteilung eingeflossen ist und somit eine potenzielle Gefahr für den Anwender darstellt.

ELEKTRISCHE GRUNDLAGENSCHALTUNGEN

Damit die Elektrotechnik für jeden Fachmann klar dokumentiert werden kann, werden hauptsächlich grafische Schaltpläne erstellt. Diese Schaltpläne mit sehr wenigen Worten dienen auch Hobby- und Heimwerker-Elektrikern dazu, an Anlagen tätig werden zu können.

Darunter fallen Tätigkeiten wie:

- Erstellung von Anlagen, Geräten und Maschinen

- Fehlersuche an Anlagen, Geräten und Maschinen

- Instandsetzung von Anlagen, Geräten und Maschinen

Allerdings fallen auch weitere Tätigkeiten an bestehenden Anlagen, Geräten und Maschinen an. Diese Tätigkeiten sind beispielsweise:

- Umbau

- Erweiterung

- Erneuerung

Hierzu sind elektrische Schaltpläne besonders wichtig, denn sie geben Auskunft darüber, wie Anlagen, Geräte und Maschinen (im Folgenden Gerät genannt) aufgebaut sind, welche Sicherheitsvorkehrungen enthalten sind und welche Bedingungen erfüllt sein müssen, damit das Gerät die bestimmungsgemäße Arbeit durchführen kann. Dementsprechend sind Schaltungen aus einfachen und genormten Symbolen, Strichen und Einheitskästen ohne viele Worte zu einem Großen und Ganzen zusammengefasst. Damit wird, neben der Erstellung von Betriebs- und Wartungshandbüchern, die Verschaltung entwickelt und gleichzeitig auch dokumentiert.

Welche Grundschaltungen bestehen?

In der Elektrotechnik werden mit standardisierten Symbolen Zusammenhänge in Form von Schaltungen dokumentiert und veranschaulicht. Die entsprechenden Symbole sind in der DIN EN 60617 [5] geregelt. Dies gewährleistet dem Leser eine einfache und schnelle Einarbeitungszeit in jegliche Schaltung, um entsprechende Tätigkeiten damit ausführen zu können. Aus diesem Grund gibt es einige Grundschaltungen, die nachfolgend aufgezeigt werden:

1. Aus-Schaltung

Bei der Aus-Schaltung werden eine Stromquelle, ein Schalter, ein Verbraucher und einige Leitungen benötigt, die zu einer gesamten Schaltung zusammengefügt werden, wie in Abbildung 5 aufgezeigt. Dabei ist der Schalter so lange in einer Stellung, bis ihn jemand betätigt. Diese Betätigung löst eine Aktion an der Lampe aus.

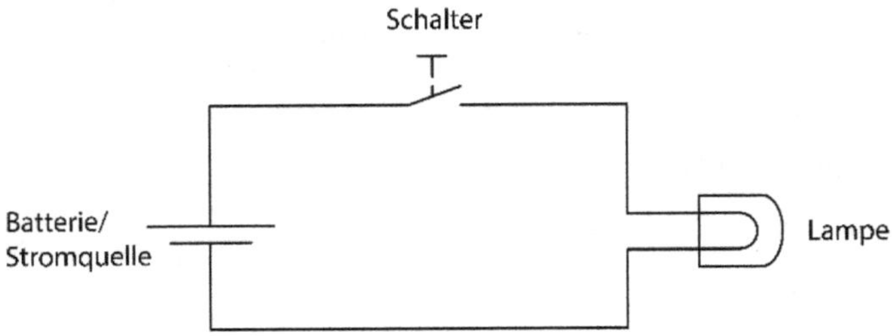

Abbildung 4: Aus-Schaltung

Wenn der Schalter leitend ist, also der Stromkreis geschlossen ist, kann die Lampe leuchten. Diese digitalen Zustände (0 = aus und 1 = ein) werden in einer Logiktabelle zusammengestellt:

Tabelle 10: Logiktabelle einer Aus-Schaltung

Schalter	Lampe
1	1
0	0

2. Und-Schaltung

Bei der Und-Schaltung werden, ebenfalls wie bei der Aus-Schaltung, eine Stromquelle, ein Verbraucher und einige Leitungen benötigt. Allerdings werden mindestens zwei Schalter gebraucht. Die gesamte Schaltung ist in der nächsten Abbildung aufgezeigt. Dabei sind auch hier die Schalter so lange in einer Stellung, bis sie jemand betätigt. Allerdings löst nicht jede Betätigung eine Reaktion an der Lampe aus, da beide Schalter zur gleichen Zeit leitend sein müssen, um den Stromkreis zu schließen.

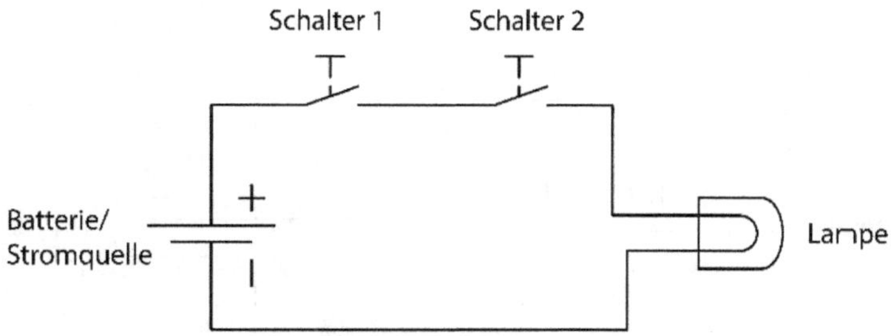

Abbildung 5: Und-Schaltung

Die Logiktabelle veranschaulicht den Zusammenhang: Da ein weiterer Schalter hinzugekommen ist, erhöht sich auch die Möglichkeit, verschiedene Kombinationen mit den Schaltern zu erzeugen.

Tabelle 11: Logiktabelle einer Und-Schaltung

Schalter 1	Schalter 2	Lampe
1	0	0
0	1	0
0	0	0
1	1	1

Damit ergibt sich z. B. die Möglichkeit, ein Licht im Flur an Ort (A) ein- und am Ort (B) wieder auszuschalten. Allerdings ist es an Ort (A) nicht möglich, das Licht wieder einzuschalten, da der Stromkreis an Ort (B) noch immer unterbrochen ist.

3. Oder-Schaltung

Bei der Oder-Schaltung werden, ebenfalls wie bei der Und-Schaltung, eine Stromquelle, ein Verbraucher, einige Leitungen und ebenfalls mindestens zwei Schalter benötigt. Die gesamte Schaltung ist in Abbildung 7 aufgezeigt. Dabei sind auch hier die Schalter so lange in einer Stellung, bis sie jemand betätigt. Auch hier löst nicht jede Betätigung eine Reaktion an der Lampe aus, da beide Schalter zur gleichen Zeit **nicht** leitend sein müssen, um den Stromkreis zu **öffnen**.

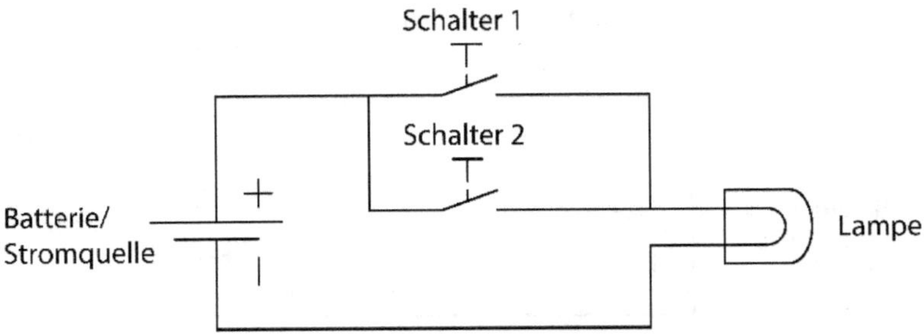

Abbildung 6: Oder-Schaltung

Die Logiktabelle veranschaulicht auch hier den Zusammenhang.

Tabelle 12: Logiktabelle einer Oder-Schaltung

Schalter 1	Schalter 2	Lampe
1	0	1
0	1	1
0	0	0
1	1	1

4. Wechsel-Schaltung

Bei einer Wechsel-Schaltung sieht das anders aus: Ein Wechselschalter hat im Gegensatz zum normalen Aus-Schalter zwei Kontakte, zwischen denen er wechselt. Wenn zwei Wechselschalter in einer Und-Schaltung eingefügt werden, wird eine Oder-Schaltung daraus. Allerdings erhöht sich die Verkabelung zwischen den Schaltern, da nun jeweils ein Kontakt mehr hinzugekommen ist.

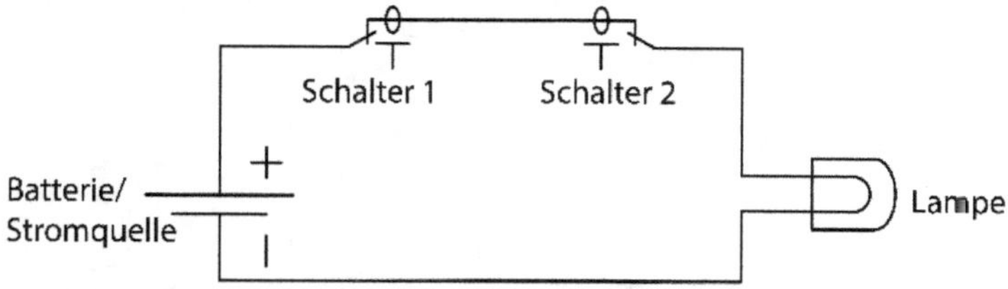

Abbildung 7: Wechsel-Schaltung

Die Logiktabelle einer Wechsel-Schaltung sieht komplett anders aus als die der Und-Schaltung in

11.

Tabelle 13: Logiktabelle einer Wechsel-Schaltung

Schalter 1	Schalter 2	Lampe
0	0	1
0	1	0
1	0	0
1	1	1

Auffällig ist hier, dass die Stellung des Schalters ausschlaggebend ist. Da beide gleich angeschlossen sind, schalten sie den Strom jeweils in die andere Richtung. Wenn beide Schalter in der gleichen Stellung sind, ist der Stromkreis geschlossen. Damit kann die Lampe von zwei Orten aus beliebig ein- und ausgeschaltet werden.

4. Kreuz-Schaltung

Eine Kreuz-Schaltung ist eine Kombination aus insgesamt drei Schaltern. Darunter befinden sich zwei Wechselschalter und ein Kreuzschalter. Dieser Kreuzschalter wechselt die Leitungen, wie sein Name bereits aussagt, im Kreuz.

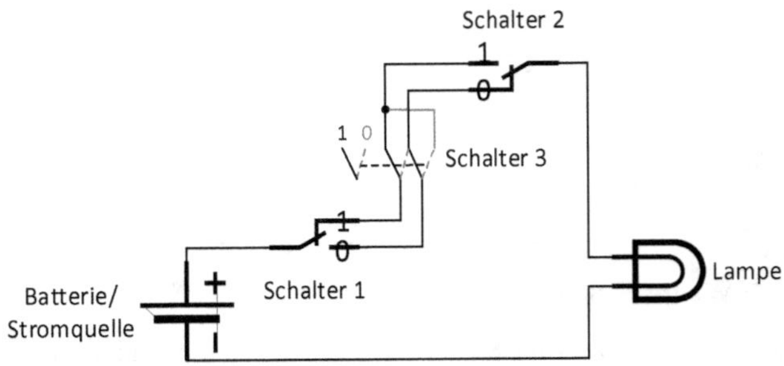

Abbildung 8: Kreuz-Schaltung

Der Kreuzschalter „kreuzt“ die Leitungen. Das bedeutet, dass in der roten Stellung des Schalters das Adernpaar gewechselt wird, sodass eine Art Kreuz entsteht und die Stromrichtung verdreht wird. In der Logiktabelle ist dies ebenfalls einfach erkennbar.

Tabelle 14: Logiktabelle einer Kreuz-Schaltung

Schalter 1	Schalter 3	Schalter 2	Lampe
1	0	0	0
1	1	0	1
1	1	1	0
0	1	1	1
0	0	1	0
0	0	0	1
0	1	0	0
1	0	1	1

5. Relais-Schaltung

Wenn beispielsweise ein Treppenhaus verdrahtet werden soll, ist der Verkabelungsaufwand bei einer gewöhnlichen Kreuz-Schaltung sehr hoch. Außerdem besteht die Möglichkeit, dass bei einer Kreuz-Schaltung das Licht eingeschaltet bleibt. Abhilfe schafft eine sogenannte Relais-Schaltung. Bei dieser Relais-Schaltung wird ein zusätzliches Bauteil, ein sogenanntes Relais, mit Abfallverzögerung benötigt. Mit einem Relais kann mit einem niedrigeren Strom ein besonders hoher geschaltet werden. Eine Abfallverzögerung bedeutet, dass eine Zeit, z. B. 5 Minuten, eingestellt werden kann und nach Ablauf dieser Zeit schaltet das Relais das Licht aus. Das Relais wird durch beliebig viele Taster in Oder-Schaltung eingeschaltet. Ein Taster schließt kurz den Stromkreis, sodass das Relais anziehen kann, mit der im Taster verbauten Feder öffnet sich der Taster wieder automatisch.

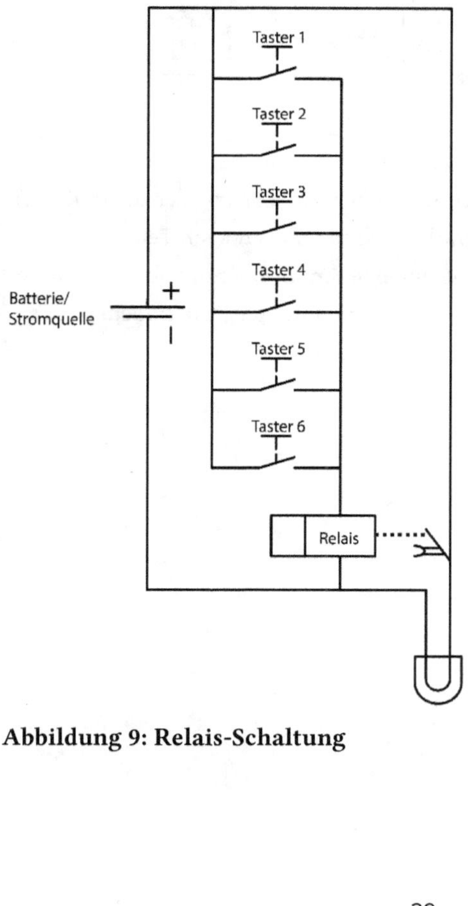

Abbildung 9: Relais-Schaltung

6. Bus-Kommunikation

Eine Relais-Schaltung ist bereits eine große Vereinfachung, was die Verkabelung der einzelnen Schalter anbelangt. Um die Vereinfachung noch weiter voranzutreiben, wird eine Bus-Kommunikation – z. B. in Gebäudeautomationsanlagen – eingesetzt. Hierbei werden Informationen „auf den Bus gelegt". Dies bedeutet: Wenn ein Busteilnehmer eine Information versendet, empfangen immer alle Teilnehmer diese Nachricht. Das Prinzip ist in folgender Abbildung veranschaulicht.

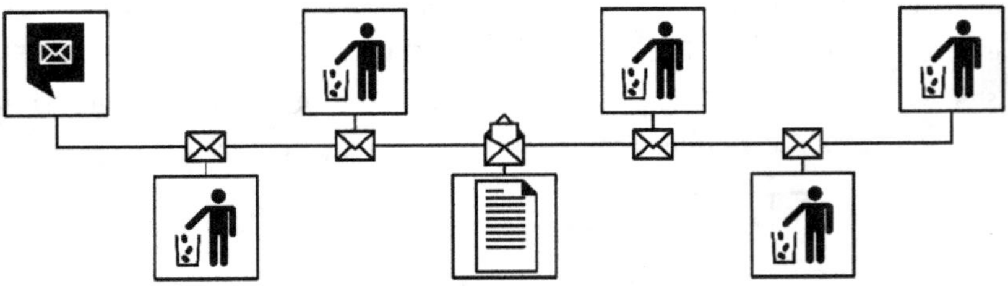

Abbildung 10: Bus-Kommunikation

Dabei sind in der Nachricht alle Informationen enthalten, die notwendig sind, um eine Aktion durchzuführen. Derjenige Busteilnehmer, der mit der übermittelten Information etwas anfangen kann, verarbeitet diese, alle anderen Teilnehmer verwerfen sie. Damit wird die Verkabelung auf eine Stromversorgung und eine Kommunikationsleitung beschränkt. Eine weitere Verdrahtung ist damit nicht notwendig.

Informationen auf dem Bus können unterschiedlicher Natur sein – und zwar Informationen zu:

- Temperatur innen und außen
- Uhrzeit
- Rauchmelder
- Wassermelder
- Sonneneinstrahlung (Lichtwert)
- Windrichtung und Windgeschwindigkeit
- Luftqualität

- Präsenzmeldung
- Tür-/Fensterkontakte
- Schalter zum Einschalten von Beleuchtung und Geräten
- Schalter zum Bedienen von Rollläden und Markisen
- usw.

Es können alle möglichen Informationen übermittelt und verarbeitet werden. Mit einer entsprechenden Programmierung können auch Szenarien erstellt werden, die z. B. beim Verlassen der Immobilie bestimmte Aktionen an dieser durchführen.

Wie werden Schaltpläne gelesen und wie wird der Sinn dahinter verstanden?

Beim Lesen von Schaltplänen kommt es vor allem darauf an, was der Anwender bezwecken möchte. Grundlegend kann jedoch gesagt werden, dass ein Schaltplan immer so gezeichnet ist, dass im oberen Drittel die Spannungsversorgung ist, in der Mitte etwas damit „passiert" und im unteren Drittel entweder das Minus gezeichnet oder der Abgang visualisiert wird. Beim Lesen von Schaltplänen geht es vor allem um das Verständnis der Schaltung, damit mit dieser gearbeitet werden kann. Gerade bei Fehlersuchen ist das Verständnis der Funktion wichtig, um den Fehler lokalisieren zu können. Hierzu helfen die standardisierten Symbole (DIN EN 60617) sowie Hinweise im Stromlaufplan. Hinweise können z. B. Funktionstexte sein. Diese beschreiben in wenigen Worten, was dieses Bauteil macht. Beispiele für Funktionstexte können sein:

- Anlagenschalter
- Hauptschalter
- Sicherung
- Sternschütz
- Treppenhausbeleuchtung
- Netzdrossel
- usw.

Auf diese Weise wird z. B. aus einem einfachen Kontakt ein Anlagenschalter und der Anwender kann sich besser in die Schaltung eindenken. Auch eine Möglichkeit, Stromlaufpläne zu verstehen, ist – falls vorhanden – eine Beschreibung. In einer Beschreibung werden Funktionen und einzelne Teile eines Stromlaufplanes erläutert und so dem Anwender nähergebracht. Auch sogenannte Exports aus dem Schema – wie Klemmenpläne, Kabellisten und das Betriebsmittelverzeichnis – können entsprechend helfen, da weitere Informationen zum einzelnen Gerät (beispielsweise ein Datenblatt) herausgesucht werden können. Aber auch weiterführende Informationen, wie ein Wartungs- oder Bedienerhandbuch, sind grundsätzlich mit Daten wie einer Artikelnummer oder Typennummer des Gerätes über das entsprechende Unternehmen oder auch online im Internet auffindbar.

Damit ist der Stromlaufplan nicht nur eine einfache Zeichnung, sondern kann nach der Auswertung, z. B. in Form einer Stückliste, für die Bestellung der Bauteile oder zur Dokumentation im Betriebsmittelverzeichnis, in dem sämtliche Bauteile bis zum kleinsten Pin enthalten sind, dienen. Klemmenpläne und Kabellisten dienen vor allem während der Montage der Anlage zum einheitlichen Aufbau. Dies gewährleistet, dass jede Anlage identisch aufgebaut ist. Im Stromlaufplan sind neben Geräten auch die Verbindungsleitungen mit einer eindeutigen Kennzeichnung versehen. Dies gewährleistet, dass genau diese Verbindung in der Kabelliste aufgefunden werden kann. Anhand dieser sogenannten Potenzialnummer kann nachvollzogen werden, von wo nach wo das Potenzial fließt.

ÜBUNGEN ZU TEIL I

Wenn Sie den ersten Teil sorgfältig durchgearbeitet haben, sollten Sie in der Lage sein, nachfolgende Übungen erfolgreich zu beantworten. Im sechsten Teil (ab Seite 111)**Fehler! Textmarke nicht definiert.** finden Sie Musterlösungen zu den Aufgaben. Bitte beachten Sie, dass die Aufgaben auf der Grundlage dieses Buches erstellt worden sind. Verwenden Sie jedoch auch das Internet für weitere Recherchen. In den Lösungen werden ggf. Links aufgeführt, die auf weiterführende Literatur verweisen. Viel Erfolg!

Übung 1: Die Elektrotechnik

1.1 Erläutern Sie ausführlich den Begriff Einheiten und zeigen Sie an Beispielen auf, wie Sie Einheiten von ganz klein auf ganz groß darstellen können.

1.1.1 Veranschaulichen Sie, wie Einheiten – z. B. Piko oder Milli – innerhalb einer Berechnung zur gleichen Größenordnung gebracht werden können, um die Rechnung durchzuführen.

1.1.2 Warum werden Einheiten gebraucht? Ist es nicht ausreichend, einfach eine Zahl zu nennen? Begründen Sie ausführlich!

1.2 Wie wird elektrische Energie hergestellt? Wieso gibt es ‚drei Wellen' und warum sind diese in einem bestimmten Winkel voneinander versetzt?

1.2.1 Erläutern Sie den Begriff der ‚grünen Energie'. Was ist damit gemeint und warum ist diese besonders in der heutigen Zeit von großer Bedeutung?

1.2.2 Auf welche Arten kann Energie hergestellt werden? Recherchieren Sie im Internet und finden Sie heraus, wie die einzelnen Anlagen funktionieren und auf welchen Prinzipien sie aufgebaut sind.

1.3 Sie sind Hobbybastler. Dürfen Sie an einer 10 kV-Anlage ohne Aufsicht einer Fachperson arbeiten? Begründen Sie ausführlich Ihre Antwort. Recherchieren Sie im Netz und verweisen Sie auf die entsprechenden Regelwerke.

1.3.1 Als Hobbybastler wollen Sie sich besonders gut vor einem elektrischen Schlag schützen. Wie machen Sie das? Skizzieren Sie zwei Möglichkeiten.

1.3.2 Sie wollen als Hobbybastler an einer höheren Spannung (230-V-AC) in Ihrem Garten die Beleuchtung umbauen. Wie ist die korrekte Vorgehensweise?

Übung 2: Schutz und Sicherheit

2.1 Warum ist Elektrotechnik so gefährlich und was ist besonders gefährlich?

2.1.1 Recherchieren Sie im Internet über ‚Schrittspannung' und erläutern Sie diese ausführlich.

2.1.2 Wahr oder falsch: Die Zeit ist immer ausschlaggebend für Tod oder Leben bei einem elektrischen Schlag. Begründen Sie!

2.2 Erläutern Sie die Schutzarten zweier gängiger Geräte in Ihrem Haushalt.

2.2.1 Wozu werden Schutzarten kategorisiert, welches Ziel wird damit verfolgt?

2.2.2 Um sicherzugehen, schließen Sie an einem nach Kategorie III geschützten Gerät einen Schutzleiter an. Gute oder schlechte Idee? Begründen Sie!

2.3 Sie wollen ein Kabel verlängern, da die Steckdose weit weg ist. Was müssen Sie hier in Bezug auf das Verlängerungskabel UND die Leistung des Gerätes beachten?

Übung 3: Elektrische Grundschaltungen

3.1 Was sind elektrische Schaltungen und wofür werden sie gebraucht?

3.1.1 Auf welcher Grundlage basieren Schaltungen?

3.1.2 Was ist das Ziel, das mit dem Zeichnen von Schaltungen verfolgt wird?

3.2 Recherchieren Sie die Bedeutung einer Stern-Dreieck-Umschaltung.

3.2.1 Erläutern Sie, wann eine solche Schaltung und eine Vorwärts-/Rückwärtsumschaltung zum Einsatz kommen kann. Skizzieren Sie die zugehörigen Stromlaufpläne.

3.2.2 Welche Möglichkeiten existieren, um eine variable Steuerung von Motoren zu ermöglichen?

3.3 Sie haben eine Wechselschaltung im Schlafzimmer und möchten jeweils eine Steckdose zusätzlich einbauen. Was müssen Sie beachten? Skizzieren Sie eine <u>zulässige</u> Spar-Wechselschaltung.

Teil II: Elektrotechnik in Kraftfahrzeugen

In der heutigen Zeit sind Elektrotechnik und Elektronik allgegenwärtig. Gerade in der Kraftfahrzeug-Branche (Kfz) sind die Entwicklungen seitens Multimedia- und Fahrerassistenzsystemen groß. Auch Weiterentwicklungen in Richtung Hybridisierung und Elektrifizierung sind noch lange nicht abgeschlossen. Das Prinzip „altes Auto“, in dem kaum Elektrotechnik verbaut wurde und hier hauptsächlich für die Beleuchtung, ist längst überholt. Daher erfahren Sie in diesem Teil sämtliche Grundlagen zur Fahrzeugelektrik sowie über Sensoren und Aktoren. Wie der vorherige Teil schließt auch dieser mit einem Übungsteil ab, der Sie wieder zur weiterführenden Recherche, z. B. in Teil 6 im Anhang ab Seite 111 dieses Buches oder auch im Internet, animieren soll.

GRUNDLAGEN DER FAHRZEUGELEKTRIK

Personenkraftwagen (Pkw) und Lastkraftwagen (Lkw) werden immer leistungsstärker und umweltfreundlicher. Dies ist nicht zuletzt einer leistungsfähigen Elektronik zu verdanken. Diese Elektronik berechnet in Sekundenbruchteilen anhand unzähliger Bedingungen ideale Werte und regelt oder steuert entsprechend den aktuellen Gegebenheiten. Mit sogenannten Steuergeräten sind zentrale (Mini-) Computer verbaut, die es ermöglichen

- den Fahrer in seiner Fahraufgabe weitestgehend zu unterstützen.
- die Umwelt zu schonen, indem Abgase direkt gereinigt und so minimiert werden.
- den Passagieren die Fahrt mit Unterhaltungselektronik zu verkürzen.

Das sind nur einige Beispiele, was in der heutigen Zeit alles möglich und realisierbar ist. Doch fangen wir bei den Grundlagen eines Kfz an.

Wie ist der Aufbau des elektrischen Bordnetzes in einem Fahrzeug realisiert?

Das Bordnetz eines Kfz, dabei ist es in erster Linie nicht relevant, um welche Art von Kfz es sich handelt (Lkw, Pkw oder Motorrad), ist häufig als Einleiter-System aufgebaut. Das bedeutet, dass der Minuspol eines Stromspeichers, also einer Batterie, fest mit der Karosserie des Kfz verbunden ist. Damit wird der Minuspol der Verbraucher einfach an der nächstmöglichen Stelle mit der Karosserie verbunden. Das spart Kosten und Gewicht. Der Pluspol wird über Sicherungen und diverse Schalter geleitet, damit Verbraucher ein- und ausgeschaltet werden können. Die Sicherungen können als eine Art „Sollbruchstelle" angesehen werden, denn sie trennen den Stromkreis, wenn die Belastung, z. B. im Fehlerfall, zu groß wird. In Abbildung 12 ist ein einfaches Verdrahtungsbeispiel aufgezeichnet. Neben der Batterie werden eine Sicherung und ein Schalter angewendet, um den Stromkreis für die Lampe über die Karosserie zu schließen. Der Schalter wird zum Ein- und Ausschalten der Lampe benötigt. Die Karosserie dient als Rückleiter, damit ein geschlossener Stromkreis realisiert werden kann.

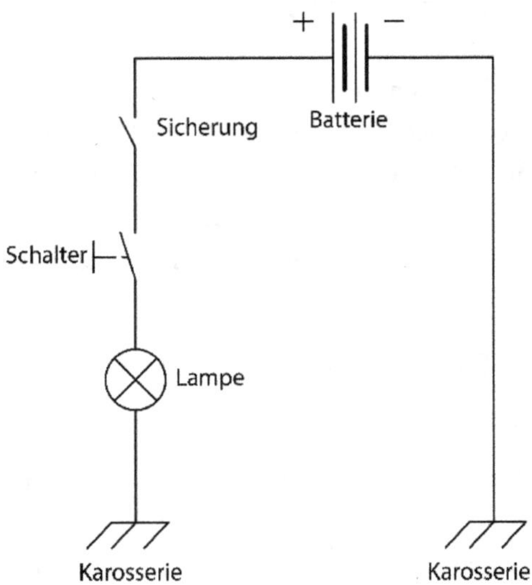

Abbildung 11: Verdrahtungsbeispiel einer Lampe im KFZ

Die Sicherung wird eingesetzt, um einen Schaden an der Verkabelung zu vermeiden. Der Begriff ‚Sicherung' ist in der DIN EN 60269-1 definiert, denn eine zu hohe Belastung eines Kabels oder einer Ader führt dazu, dass dessen Isolierung porös wird oder, noch schlimmer, so heiß wird, dass das Kupfer schmilzt und die Leitung somit komplett zerstört wird. Die Sicherung trennt den Stromkreis, bevor den Verbindungsleitungen etwas passieren kann. Die Sicherung kann z. B. als Schmelzsicherung oder als Schalter ausgeführt sein. Eine Schmelzsicherung ist nach deren Auslösung zerstört und ist zu entsorgen. Ein Leitungsschutzschalter (LSS) hingegen kann nach dessen Auslösung wieder eingeschaltet werden. Allerdings ist vorab der Fehler zu suchen und zu beheben, andernfalls bleibt der LSS nicht eingeschaltet, sondern trennt den Stromkreis erneut. Die Sicherungen sind im Kfz farblich nach ISO 8820-3 genormt. In der **Fehler! Verweisquelle konnte nicht gefunden werden.** werden die Farben und Stromwerte den Bauformen gegenübergestellt.

Tabelle 15: Farben von KFZ-Stecksicherungen

Farbe	Stromwert	Bauform
Schwarz	1 A	Midi
Grau	2 A	Mini/Midi
Violett	3 A	Mini/Midi
Rosa	4 A	Mini/Midi
Orange/ Hellbraun	5 A	Mini/Midi
Braun	7,5 A	Mini/Midi
Rot	10 A	Mini/Midi
Blau	15 A	Mini/Midi
Gelb	20 A	Mini/Midi/Maxi
Transparent	25 A	Mini/Midi/Maxi
Grün	30 A	Mini/Midi/Maxi
Orange	40 A	Midi/Maxi
Rot	50 A	Maxi
Blau	60 A	Maxi
Hellbraun	70 A	Maxi
Transparent	80 A	Maxi
Violett	100 A	Maxi

Diese Farbkennzeichnungen gelten für Schmelzsicherungen und auch für Sicherungsautomaten (LSS).

Der Aufbau elektrischer Schaltpläne im Kraftfahrzeug

Wie in Abbildung 12 auf Seite 36 veranschaulicht, wird auch im Kfz-Gewerbe der Schaltplan so aufgebaut, dass er möglichst einfach und gut verständlich ist. Dazu gehört, dass die Stromzufuhr, also das Plus, möglichst von oben gezeichnet wird und das Minus unten weggeht. Häufig werden auch die grundlegenden Klemmenbezeichnungen als durchgehende Linie auf allen Seiten dargestellt.

Tabelle 16: Auszug aus den Klemmenbezeichnungen im Kfz

Klemme	Bedeutung
30	Dauerplus ab der Batterie oder Arbeitsstromkreis-Eingang (Kann je nach Situation, z. B. an einem Relais, auch auf Klemme 15 angeschlossen sein.)
31	Batterie Minus oder auch „Masse“ genannt
15	Geschaltetes Plus nach Zündschalter
86	Steuerstromeingang (+) an einem Relais
85	Steuerstromausgang (-) an einem Relais
87A	Arbeitsstromkreis-Ausgang

Diese Klemmenbezeichnungen sind gemäß DIN 72552 genormt und daher in deren Verwendung eindeutig. Allerdings stammen diese Klemmenbezeichnungen noch aus der Zeit der ersten Kfz, als noch nicht viel Elektrotechnik in Kfz verbaut wurde. Damit das Werkstattpersonal sich besonders schnell und einfach zurechtfinden kann, wurden diese (und viele weitere) Klemmenbezeichnungen definiert. Dies ermöglichte die schnelle Wartung und Fehlersuche in der Elektrotechnik an den Fahrzeugen.

Diese Klemmenbezeichnungen sind allerdings nicht zu verwechseln mit den Nummern der einzelnen Anschlüsse, z. B. an einem Steuergerät (Pinnummer). Der wesentliche Unterschied zwischen Klemmennummer und Pinnummer ist derjenige, dass die Klemmenbezeichnung entweder ein definiertes Potenzial oder eine definierte Funktion in einem Kfz ist, wobei die Pinnummer eine einfache Nummerierung, z. B. an einem Stecker oder an einem Steuergerät, ist. Die Pinnummer wird verwendet, um den genauen Anschlusspunkt einer Ader am Stecker oder Steuergerät zu identifizieren. Diese sind frei wählbar und nicht normativ geregelt.

Auch in Kfz-Schaltplänen werden Schaltzeichen nach DIN EN 60617 genormt. Das bedeutet, dass sämtliche Symbole einheitlich dargestellt werden. Damit ist sichergestellt, dass jeder Kfz-Techniker Stromlaufpläne eines jeden Herstellers lesen kann. Hierzu werden noch einheitliche Kennbuchstaben für die Betriebsmittelkennzeichnung verwendet, die in der DIN 40719-2 definiert sind.

Tabelle 17: Auszug der gängigsten Kennbuchstaben für Betriebsmittel

Kennbuchstabe	Bedeutung, Beispiele
A	Allgemeine Steuerung: Steuergerät, Bildschirm, Radio usw.
S	Interaktion mit Menschen, Erfassung von Zuständen und Werten: Schalter, Taster, Sollwerteinsteller usw.
F	Schutz, Absicherung von Leitungen und Geräten sowie Personenschutz: Sicherung, Motorschutzschalter (MSS), Leitungsschutzschalter usw.
K	Schalten von Steuerspannung: Relais, Zeitrelais, Stromstoßrelais, Hilfsrelais, Hilfsschütz usw.
Q	Schalten von großen Lasten: Schütze, Trennschalter, Erdungsschalter, Leistungsschalter
X	Verbindung von Geräten und Systemen: Stecker, Klemmen, Steckdosen, Lötanschlüsse, Klemmleiste

Neben einheitlichen Schaltzeichen, Kennbuchstaben und Klemmen in einem Kfz werden noch Farbkodierungen für das Kennzeichnen von angewendeten Aderfarben benötigt, denn farbige Adern sind bei der Fehlersuche besonders hilfreich. Wenn alle Adern in einer Farbe wären, würde die Übersichtlichkeit im Schaltplan und im Kfz darunter leiden, daher werden gemäß IEC 60757 oder DIN 47002 die Leitungsfarben definiert. Hier sind die einzelnen Farbabkürzungen in Deutsch und

Englisch sowie Farbkombinationen definiert. Bei Farbkombinationen gilt immer die erste Nennung als Grundfarbe. Die Tabelle 18 veranschaulicht einige Beispiele.

Tabelle 18: Auszug der Farbkennzeichnungen

Kurzzeichen Farbe		Bedeutung Farbe	
Deutsch	Englisch	Deutsch	Englisch
ws	wh	Weiß	White
bl	bu	Blau	Blue
rt	rd	Rot	Red
ge	ye	Gelb	Yellow
gn	gn	Grün	Green
gr	gy	Grau	Grey
br	bn	Braun	Brown
ws/bl	wh/bu	Weiß/Blau	White/Blue
rt/ge	rd/ye	Rot/Gelb	Red/Yellow

Daraus ergeben sich alle notwendigen Mittel, um Schaltpläne zu erstellen, zu lesen und anzuwenden:

- Betriebsmittelkennzeichen gemäß DIN 40719-2
- Farbkennzeichen gemäß DIN 47002
- Klemmen gemäß DIN 72552
- Symbole gemäß DIN 60617

Alle diese Normen haben nur den einen Zweck: den standardisierten Umgang mit der elektrotechnischen Dokumentation. Auch im Kfz-Gewerbe gibt es Schaltpläne mit Beschreibungen. Diese Beschreibungen helfen dem Anwender, die aufgezeigten Inhalte besser und schneller zu verstehen. Sie sind allerdings auch überwiegend grafisch erstellt.

Die Grafik wird häufig in einem Electrical Computer Aided Design (ECAD) erstellt. Die Erstellung erfolgt heutzutage am Bildschirm eines Computers. Zur Fertigung werden diverse Daten aus dem Stromlaufplan exportiert:

- Apparateliste

- Stückliste

- Verkabelungstabelle

Mit diesen Fertigungsunterlagen ist die Produktion in der Lage, die Kfz im Werk zusammenzubauen. Anschließend werden sie nicht mehr benötigt. Häufig wird im Anschluss nur noch auf den Ersatzteilkatalog und den Stromlaufplan zurückgegriffen.

Warum ist die ‚heutige Technik' komplexer als die ‚frühere'?

Gerade in den heutigen Fahrzeugen sind wesentlich mehr elektrotechnische Ausrüstungen vorhanden als früher. Früher beschränkte sich die Elektrotechnik auf die Beleuchtung, die Stromerzeugung und das Anlassen des Motors. Damit waren die Fahrzeuge ganz einfach und ohne viel Elektronik und viele Schnittstellen aufgebaut.

Mit voranschreitender Entwicklung entstehen immer mehr Innovationen und verschiedene Systeme, die das Fahren im und mit dem Auto einfacher und schöner machen. Daraus resultieren viele Systeme, die zu verschiedenen Zwecken eingebaut werden:

- Sicherheit: Airbag und Gurtstraffer, ...

- Antrieb & Umweltschutz: Motor- und Getriebesteuergerät, ...

- Assistenzsysteme: Verkehrszeichenerkennung, Abstandsregelung, Totwinkelassistent, ...

- Komfortsysteme: Klimatisierung, Standheizung, Diebstahlwarnanlage, ...

- Unterhaltungssysteme: Multimedia, Telefonie, Internet, ...

Demnach steigen auch die benötigten Informationen, die für die einzelnen Systeme benötigt werden. Diese Informationen werden entweder pro System einzeln erfasst oder über ein zentrales Bussystem untereinander ausgetauscht. Ein übliches Bussystem in Kfz ist das Controller Area Network (CAN). Mit diesem Bussystem lassen sich nicht nur die Informationen untereinander austauschen, sondern auch die

Verkabelungen und Bauteile reduzieren, da nicht jedes System seine eigenen Informationsquellen benötigt. Als Beispiel kann hier die Außentemperatur herangezogen werden.

Dieser Messwert wird für viele Anwendungen benötigt:

- Anzeige für den Fahrer im Kombiinstrument

- Warnung des Fahrers vor möglichem Frost

- Klimatisierung im Fahrzeug, für die Heizung, Lüftung usw.

- Standheizung für den temperaturabhängigen Start

- Gemischbildung im Motor, je nach Außentemperatur

- Automatisches Stoppen und Starten des Motors

- Umweltschonung für die Abgasnachbehandlung

- usw.

Wie Sie sehen, kann eine kleine Information für viele Anwendungen zentral zur Verfügung gestellt werden. Damit reduzieren sich Kosten und Platzbedarf.

Was sind Sensoren?

Sensoren sind Messwertaufnehmer. Sie können verschiedene Messgrößen aufnehmen und in elektrische Signale umwandeln, sodass das Steuergerät entsprechende Handlungen auf Basis dieser Sensorwerte durchführt. In Tabelle 19 werden einige Sensorarten und deren Nutzung aufgezeigt.

Tabelle 19: Sensorarten mit Messwerten und Nutzungsbeispielen

Sensorart	Reagiert auf	Gelieferter Messwert	Nutzung für
Schalter	Druck Temperatur Magnet	0 und 1	Ein-/Ausschalter, Endschalter, Temperaturschalter usw.
Drehzahl	Licht Magnet	Umdrehungen pro Minute oder Frequenz	Erfassung von Drehzahlen, z. B. Geschwindigkeit
Temperatursensor	Temperatur	-50 °C bis 230 °C Ohm-, Spannungs- oder Stromwert	Erfassung verschiedener Temperaturen: Außen-, Innen-, Wasser-, Öltemperatur usw.
Drucksensor	Druck	4 mA bis 20 mA	Erfassung von Druck in Reifen, Kühl- und Lenksystem
Klopfsensor	Schütteln	0,04 V bis 14,0 V	Ermittlung von Fehlzündungen und Zündungen allgemein

Damit reagieren Sensoren nicht nur auf unterschiedliche physikalische und technische Gegebenheiten, sondern sind auch in ihrer Messwertlieferung unterschiedlich. Demnach können Sensoren digitale Werte, z. B. 0 und 1 liefern, aber auch analoge Signale, die erst wieder in einen für das System logischen Wert umgewandelt werden müssen.

Daraus resultiert ebenfalls, dass Sensoren unterschiedliche Dimensionen annehmen können. Schalter beispielsweise gibt es in nahezu allen beliebigen Varianten. Sie werden immer dann und dort eingesetzt, wo es einen einfachen Wert zu ermitteln gilt. Temperatursensoren reagieren auf die veränderte Temperatur, indem sie ihren Innenwiderstand verändern. Das ist z. B. beim PT 100 der Fall. Bei einem Drucksensor kann, z. B. mit einer Membran, ein Stromsignal erzeugt werden, denn je nachdem, wie weit sich die Membran verformt, wird ein größerer oder niedrigerer Stromwert ausgegeben, der wiederum für einen festen Druckabfall oder Druckanstieg steht.

Welche Anwendungsbeispiele gibt es und wie ist der Aufbau von Sensoren?

Sensoren gibt es in nahezu jeder beliebigen Größe und in beliebigen Formen. Dies resultiert daraus, dass es viele Anwendungen gibt, in denen Sensoren vorkommen. Im Beispiel einer Füllstandsonde wird ein Reedkontakt eingesetzt. Dieser Reedkontakt ist offen, solange kein Magnetfeld um ihn herum herrscht. Sobald ein Magnetfeld drumherum aufgebaut ist, schließt er den Kontakt und signalisiert dem angeschlossenen Gerät eine Information. Im Beispiel auf der Abbildung 13 wird ein Pegel gemessen.

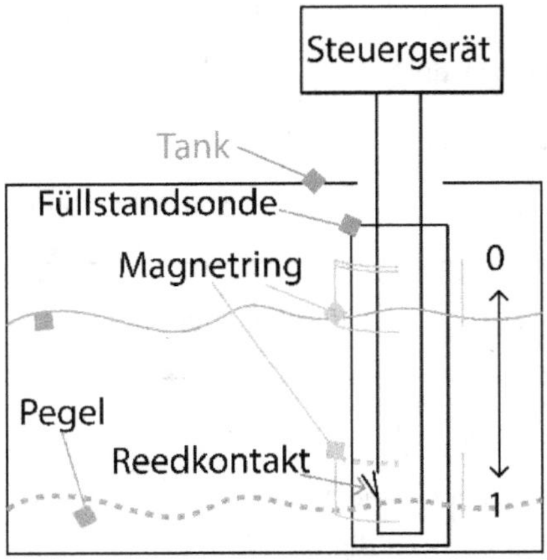

Abbildung 12: Füllstandsonde mit Reedkontakt

Damit der Reedkontakt schließen kann, schwimmt der Magnetring immer mit dem Pegel mit. Sobald der Magnetring (und somit auch der Pegel) in die Höhe des Reedkontakts kommt, wird das Signal (1) dem Steuergerät mitgeteilt. Daraufhin leitet es die notwendigen bzw. programmierten Aktionen ein. Solange der Wert (0) dem Steuergerät (also kein Durchgang am Reedkontakt) vorliegt, ist der Kontakt offen und das Steuergerät wird keine Aktionen durchführen. Je nach Programmierung kann eine Plausibilisierung des Kontaktes erfolgen, indem z. B. der Zufluss oder der Abfluss in den Tank bestimmt wird. Damit kann ein Fehler erkannt und dem Personal mitgeteilt werden.

Ein Reedkontakt wird auch häufig angewendet, um den Verschluss von Türen, Fenstern und Klappen zu überprüfen. Gerade bei Lkw und Bussen ist das eine häufig benutzte Anwendung.

Klopfsensoren bestehen aus Piezoelementen. Diese Elemente erzeugen eine Spannung, wenn sie geschüttelt werden. Dadurch können sie z. B. als Glasbruchsensoren oder als Sensor für Getränkeautomaten herangezogen werden. Gerade bei Getränkeautomaten bieten sie eine gute Informationsquelle, wenn jemand versucht, den Automaten zu stoßen. Hierbei kann z. B. ein stiller Alarm bei der Polizei erfolgen.

Lichtempfindliche Sensoren (auch Dämmerungsschalter genannt) reagieren auf einen bestimmten Lichtwert, der eingestellt werden kann. Bei diesem Lichtwert kann der Schalter ein- oder ausschalten, je nach Anwendung und vorgesehener Funktion.

Was passiert, wenn ein Sensor ausfällt oder beschädigt ist?

Sensoren sind gut, solange sie funktionieren. Wenn eine Störung auftritt also z. B. ein Sensor defekt ist, oder an der Verkabelung ein Problem besteht, ist der Sensor entweder komplett ausgefallen oder außerhalb eines realistischen Messbereichs. Defekte können auch schleichend auftreten, indem leichte Kontaktprobleme, wie z. B. Korrosion, entstehen. Dabei werden gerade bei Temperatursensoren Werte verfälscht. Solange die Werte in einem normalen Bereich liegen, werden auch keine Sicherheitsmechanismen, wie z. B. Plausibilisierungen, anspringen. Erst bei großen Abweichungen, wie z. B. + 250 °C Außentemperatur, wird eine Fehlermeldung ausgegeben. Wenn so ein Fehler auftritt, kann es durchaus sein, dass z. B. im Winter der Motor nicht mehr startet oder die Heizung nicht mehr funktioniert. Häufig wird in so einem Fehlerfall ein sogenannter Ersatzwert angenommen. Dieser ist je Situation und Hersteller unterschiedlich. Ebenso kann beispielsweise anhand der angesaugten Luftmasse auf eine ungefähre Umgebungstemperatur geschlossen werden.

Wichtig ist bei Sensorwerten die Erkennung von Kurzschlüssen in Richtung Masse und in Richtung Plus. Damit gehen die Werte, wie in Tabelle 19 auf Seite 43 gezeigt, nicht ganz auf 0 V oder 0 A. Auf diese Weise kann das Steuergerät einen Masseschluss detektieren und somit eine Fehlermeldung ausgeben. Gleiches gilt auch in Richtung Plus. Mit Ausnahme von Schaltern werden keine Sensorwerte bis auf die oberste Grenze, also z. B. 12 V oder 24 V, gehen. Bei Schaltern kann eine einfache Logik programmiert werden: Beispielsweise kann ein Schalter, wenn er z. B. immer ‚0' oder immer ‚1' meldet, ab einer bestimmten Dauer einen

Plausibilitäts- oder Initialisierungsfehler ausgeben. Damit wird verhindert, dass in sicherheitskritischen Anlagen defekte Schalter zu Unfällen führen. Daher werden oft Initialisierungsfahrten programmiert. Diese werden dann in einem bestimmten Rhythmus, z. B. alle 12 oder 24 Stunden, durchgeführt. Damit wird die einwandfreie Funktion stets gewährleistet.

AKTOREN IN ELEKTRISCHEN ANLAGEN

Überall dort, wo physikalische Werte in Steuergeräte mittels Sensoren eingelesen werden, werden Stellglieder benötigt, damit das Steuergerät auf Basis der gelieferten Sensorwerte entsprechende Aktionen durchführen kann. Diese Stellglieder werden auch Aktoren genannt.

Was sind Aktoren?

Aktoren können verschiedene Bauteile sein, beispielsweise Motoren, Lampen, aber auch Magnetventile und Relais. Damit gibt es auch in der Gruppe der Aktoren eine große Anzahl an Möglichkeiten, diverse Anwendungen zu steuern und zu regeln. Gerade im Bereich von Motoren können viele Anwendungen, wie Lüftung, Pumpen und Stellglieder, angesteuert werden. Bei Lampen und Relais, die angesteuert werden, können entweder diverse Fehlermeldungen (Kontrollleuchten) oder auch die Beleuchtung an sich eingeschaltet werden. Relais werden oft zum Schalten großer Lasten eingesetzt. Das bedeutet, dass die Kontakte der Steuergeräte relativ klein dimensioniert werden können, damit ist es oftmals erforderlich, ein Relais einzusetzen, denn bei einem Relais kann mit einem sehr geringen Strom (z. B. mit einem Steuergerät) ein ganz großer Strom geschaltet werden. Gerade bei großen Motoren wird diese Schaltung sehr gern angewendet.

Aktoren können auch eine Art Rückmeldung haben. Diese Rückmeldung, z. B. vom Drehwinkel, kann in das Steuergerät als Sensorwert zurückgelesen werden. Damit wird erreicht, dass die anvisierte Position wirklich erreicht wurde und somit eine Überprüfung der Funktion des Aktors gegeben ist. Als Rückmeldung kann jedoch auch die Strombelastung innerhalb des Steuergerätes gemessen werden. Damit lassen sich z. B. defekte Kontrollleuchten oder auch Defekte an Beleuchtungselementen erkennen. Durch diese Erkennung kann der Anwender auf diesen Fehler aufmerksam gemacht werden.

Welche Anwendungsbeispiele gibt es und wie ist der Aufbau von Aktoren?

Ebenso wie bei den Sensoren ergeben sich auch bei den Aktoren zahlreiche Anwendungsfälle. Im Beispiel eines Tanks kann der Tank mit einer Zulauf- und Ablaufpumpe sowie mit einem Ablaufventil und einer Fehlerleuchte als Aktoren ausgestattet sein. Als Sensoren stehen zwei Reedkontakte zur Verfügung, die den oberen und unteren Pegel im Tank messen, sowie ein Drucksensor in der Ablaufleitung nach der Ablaufpumpe. Der Aufbau ist in Abbildung 14 aufgezeichnet.

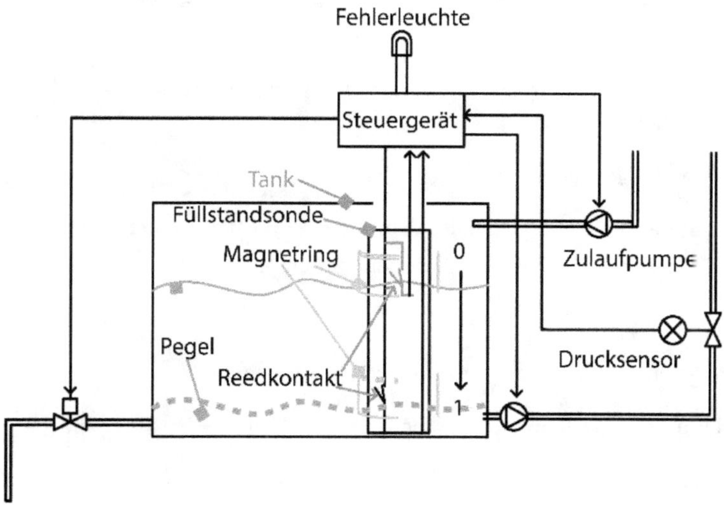

Abbildung 13: Anwendungsbeispiel Zu- und Ablaufsteuerung

Folgende **Anwendungsbeispiele** ergeben sich mit dieser einfachen Steuerung:

1. Der Drucksensor erkennt einen abfallenden Druck in der Leitung und meldet dies dem Steuergerät, worauf dieses die Ablaufpumpe ansteuert, bis der Druck in der Leitung wieder einen fest eingestellten Wert erreicht, den der Drucksensor dem Steuergerät übermittelt, dieses schaltet die Ablaufpumpe wieder aus.

2. Der obere Reedkontakt schließt: Das Steuergerät erkennt den übermittelten Sensorwert und steuert das Ablaufventil zur Reduktion des Pegels im Tank für entweder

a) eine fest eingestellte Dauer von (xx) Sekunden an und schließt das Ablaufventil hinterher wieder oder

b) bis der obere Reedkontakt wieder schaltet.

3. Der untere Reedkontakt meldet dem Steuergerät den unteren Pegel im Tank. Daraufhin schaltet das Steuergerät die Zulaufpumpe für entweder

a) eine fest eingestellte Zeitdauer ein oder

b) so lange ein, bis der obere Reedkontakt schaltet oder

c) bis der untere Reedkontakt ausschaltet.

4. Das Steuergerät schaltet die Fehlerleuchte ein, wenn

a) beide Reedkontakte zur gleichen Zeit ein Signal liefern oder

b) ein Reedkontakt trotz Wasserzulauf und -ablauf immer den gleichen Wert übermittelt oder

c) der Druck in der Ablaufpumpenleitung zu groß ist oder

d) die Rückmeldung von den Aktoren fehlerhaft ist oder

e) der Drucksensor keinen Druckanstieg registriert, nachdem die Ablaufpumpe eingeschaltet wurde. Dementsprechend wird die Ablaufpumpe wieder ausgeschaltet.

Diese Anwendungsbeispiele einer Zulauf- und Ablaufsteuerung können beispielsweise in einem Regenwassertank eingesetzt werden. Dieses Regenwasser wird z. B. auch für die Bewässerung des Gartens und für weitere Zwecke angewendet. Die

Software im Steuergerät kann unterschiedliche Szenarien, basierend auf den Sensorwerten und den Rückmeldungen, von den Aktoren erkennen, darauf reagieren und entsprechende Handlungen durchführen. Allerdings bedarf dies der vorgängigen Programmierung des Steuergerätes. Die Programmierung erfolgt durch Bildung verschiedener Szenarien und durch die Erstellung sowie Definierung einzelner Sicherheitsmechanismen, z. B. Trockenlaufschutz von Pumpen und unplausibler Wasserstand im Tank. Damit werden Schäden an der Anlage verhindert. In der Tabelle 20 wird eine beispielhafte Programmierung tabellarisch zusammengestellt.

Tabelle 20: Beispielhafte Programmtabelle einer Tanksteuerung

Aktoren				Sensoren			
Fehlerleuchte	Ablaufventil	Zulaufpumpe	Ablaufpumpe	Unterer Reedkontakt	Oberer Reedkontakt	Drucksensor	Bedingungen
	1				1		10 Min.
		1		1			20 Min.
				0			ODER
					1		ODER
			1			1 bar	Bis = 8 bar
			0			8 bar	
1				1	1		
1					1		> 10 Stunden
1						9 bar	> 1 Min.
1				1			> 10 Stunden
1		1					ODER Keine Reaktion nach Einschalten der Zulaufpumpe

Diese Tabelle veranschaulicht auf einfachste Art und Weise, wie eine Software aufgebaut werden kann. Anhand dieser Tabelle kann die Logik auch mit dem Kunden besprochen werden sowie nach Fehlern gesucht werden. Mit einfachen Handgriffen, wie z. B. einer Erweiterung um einen Temperatursensor außen am Tank wie auch innen, kann ein Frostschutz realisiert werden, indem bei einer definierten Temperatur das komplette Wasser abgelassen wird und somit den Tank und sämtliche Bauteile vor Frostschäden schützt.

Was passiert, wenn ein Aktor ausfällt oder beschädigt ist?

Wie bei der Sensorik können auch Aktoren ausfallen, indem sie z. B. durch externen Einfluss zerstört werden oder sich durch mangelnde Überwachung selbst zerstören, indem sie in zu hohe Temperaturbereiche gelangen oder zu hohe Drehzahlen erleiden, aber auch trocken laufen. Weitere Fehler bestehen darin, dass Fremdkörper in drehende Teile einer Maschine gelangen und diese somit zum Stillstand bringen oder dadurch mechanische Schäden an der Spindel entstehen. Aber auch elektrische Probleme, wie das Durchbrennen von Wicklungen oder abgenutzte Kohlen, können zu Problemen führen. Nicht zuletzt können auch bei den Aktoren Probleme mit der Verkabelung bestehen, die einen Ausfall des Aktors auslösen können. Je nachdem, wie schwerwiegend ein Fehler ist, kann die Konsequenz sein, dass die komplette Anlage zum Stillstand kommt.

Wenn im Beispiel mit der Abbildung 14 die Fehlerleuchte defekt ist und das Steuergerät diesen Umstand durch interne Überwachung merkt, kann die Definition sein, dass die komplette Anlage stillsteht, da ein gröberer Fehler – z. B. ein Überdruck oder geschlossene Kontakte – nicht angezeigt werden kann. Solche Fehlerdefinitionen sind allerdings von Anlage zu Anlage unterschiedlich. In einem Kfz führt der Ausfall der Kraftstoffpumpe zum Ausschalten des Motors, da kein Kraftstoff mehr befördert wird.

ÜBUNGEN ZU TEIL II

Wenn Sie den zweiten Teil über Elektrotechnik in Kraftfahrzeugen sorgfältig durchgearbeitet haben, sollten Sie in der Lage sein, nachfolgende Übungen erfolgreich zu beantworten. Im ‚Teil VI: Lösungen zu den Übungen' ab Seite 111 finden Sie Musterlösungen zu den Aufgaben. Bitte beachten Sie, dass die Aufgaben auf der

Grundlage dieses Buches erstellt worden sind. Verwenden Sie jedoch auch das Internet für weitere Recherchen. In den Lösungen werden ggf. Links aufgeführt, die auf weiterführende Literatur verweisen. Viel Erfolg!

Übung 4: Grundlagen Fahrzeugelektrik

4.1 Erklären Sie den Aufbau der Elektrik in Kfz.

4.1.1 Recherchieren Sie die einzelnen unterschiedlichen Spannungsebenen in Kfz.

4.1.2 Zeigen Sie die Vor- und Nachteile einer Einleiter-Verbindungstechnik auf.

4.1.3 Recherchieren Sie im Internet, welche weiteren Sicherungsformen es gibt.

4.2 Wie werden elektrische Schaltpläne in Kfz aufgebaut und welche Komponenten sind grundlegend im Aufbau eines Schaltplans?

4.2.1 Geben Sie die jeweiligen Normen an, um Schaltpläne erstellen und anwenden zu können.

4.2.2 Recherchieren Sie im Internet über die verschiedenen Kennbuchstaben.

4.2.3 Was bedeuten die Kennbuchstaben: E, P, U, O und T?

4.3 Was ist der Unterschied zwischen einer Klemmen- und Pinnummer?

4.3.1 Wo finden Klemmennummern Anwendung?

4.4 Recherchieren Sie im Internet und erstellen Sie jeweils einen Schaltplan zu folgendem Thema:

4.4.1 Scheibenwischer

4.4.2 Batterieladung

4.5 Technik ‚Alt' vs. ‚Neu' – stellen Sie tabellarisch die Neuerungen zusammen.

4.5.1 Achten Sie bei Neuerungen auch auf die Batterie: Welche Arten von Batterien sind auf dem Markt verfügbar?

4.5.2 Neben konventionellen Kupferleitungen gibt es auch den sogenannten Lichtwellenleiter. Wozu wird dieser angewendet und wie funktioniert diese Lichtwellentechnik?

Übung 5: Sensorik in elektrischen Anlagen

5.1 Analog vs. Digital: Worin unterscheiden sich die Sensorwerte?

5.1.1 Eingelesene Sensorwerte: Wie wird mit diesem Wert weiter verfahren bzw. was geschieht im Inneren der Steuerung damit?

5.1.2 Richtig oder falsch: Sensorwerte liefern jederzeit einen korrekten Messwert. Begründen Sie Ihre Antwort.

5.2 Beschreiben Sie einen Anwendungsfall für Sensorik, wie z. B. in Abbildung 13.

5.2.1 Stellen Sie sich einen Tunnel vor. Jede Menge Kfz fahren hindurch und viele Abgase entstehen, die abgesaugt werden sollen. Wie realisieren Sie die Sensorik im Inneren?

5.2.2 Sie fahren ein Auto neueren Baujahrs. Das Abblendlicht schaltet sich von selbst ein, wenn es draußen dunkler wird. Zeichnen Sie die Prinzip-Schaltung auf und erläutern Sie deren Funktion.

5.3 In Ihrem Tunnelsystem sind alle Sensoren ausgefallen. Richtig oder falsch: Die Abluftanlage muss generell aus Gründen der Sicherheit ausgeschaltet werden. Begründen Sie ausführlich.

5.3.1 Schlagen Sie Maßnahmen vor, die ein Ausfallen von Sensoren verhindern.

5.3.2 Schlagen Sie Notfallmaßnahmen vor, die eingreifen, wenn tatsächlich alle Sensoren und die komplette Abluftanlage ausfällt.

Übung 6: Aktorik in elektrischen Anlagen

6.1 Erläutern Sie den Zweck von Aktoren.

6.1.1 Wozu werden Aktoren angewendet?

6.1.2 Wie können Aktoren überwacht werden? Erläutern Sie mindestens drei Möglichkeiten!

6.2 Beschreiben Sie einen Anwendungsfall für Aktorik, wie z. B. in Abbildung 14.

6.2.1 Sie haben in Ihrem Tunnelsystem die Sensorik bereits platziert. Definieren Sie nun die notwendige Aktorik.

6.2.2 Verbinden Sie Sensorik und Aktorik in einer Steuerung und zeichnen Sie den funktionalen Schaltplan auf.

6.2.3 Entwickeln Sie eine prinzipielle Software, die den Tunnel entsprechend mit Luft versorgt und die Abgase hinausbefördert. Achten Sie dabei auch auf Fehlererkennung und Visualisierung.

6.3 Fehlerfall: Ein Aktor streikt und macht nichts. Richtig oder falsch: Aktoren können dazu führen, dass Anlagen oder Fahrzeuge komplett ausfallen. Begründen Sie Ihre Antwort!

6.3.1 Wie können schleichende Fehler frühzeitig erkannt werden?

6.3.2 Was kann präventiv gemacht werden, um Fehler erst gar nicht auftreten zu lassen?

6.4 Steuerungen: Was machen Sie, wenn ein Aktor eine zu hohe Leistung hat und das Steuergerät diesen Aktor nicht schalten kann?

6.4.1 Visualisieren Sie die Schaltung in einem Stromlaufplan.

6.4.2 Begründen Sie Ihre Wahl der angewendeten Bauteile.

Teil III: Elektrotechnik in Gebäuden

Die Kfz-Technik ist auf Entwicklungskurs, immer mehr Innovationen und Neuerungen prägen die Automobilindustrie. In der Gebäudetechnik sieht das ganz ähnlich aus. In den ersten Tagen der Elektrifizierung wurde vor allem auf Beleuchtung der einzelnen Wohnungen und Gebäude gesetzt, da die damals verwendeten Öllampen nicht selten zu verheerenden Bränden führten. Im Jahre 1880 fand die Elektrifizierung in Deutschland statt [6]. Seither wurden immer mehr Anwendungen zur Anbindung an das elektrische Netz entwickelt. In der heutigen Zeit gibt es nahezu keinen Haushalt ohne elektrischen Strom mehr. Die Anwendungen reichen von einfacher Beleuchtung bis hin zu komplexen Automationssystemen. Daher erfahren Sie in diesem Kapitel die Grundlagen zur Gebäudetechnik und zur Planung von Gebäuden sowie alles über Heizung, Lüftung und Klimatisierung.

GRUNDLAGEN DER GEBÄUDETECHNIK

In der heutigen Zeit erfährt die Gebäudetechnik starke Neuerungen. Diese Neuerungen basieren auf immer größeren Anforderungen der Bewohner sowie auf den daraus resultierenden Sicherheitsanforderungen. Doch wie genau funktioniert der Zusammenschluss von Wohnsiedlungen und wie wird der Strom verteilt, sodass wir ihn im Inneren eines Gebäudes sicher anwenden können? Diese Fragen werden in diesem Kapitel ausführlich behandelt.

Netzstrukturen in der Gebäudetechnik

Neben den bereits beschriebenen Übertragungs- und Verteilungsnetzen, die in verschiedene Spannungsebenen in Deutschland aufgeteilt sind (Tabelle 7), gibt es weitere Möglichkeiten, lokale Netze aufzubauen [2, S. 283]. Die drei gängigsten Netzformen sind:

- Strahlennetz
- Ringnetz
- Maschennetz

Beim Strahlennetz werden ausgehend vom Netztransformator einzelne Anbindungen realisiert. Das können Haushalte, Industrieanlagen sowie auch andere Abnehmer sein. Im Störungsfall ist die komplette Leitung ab dem Netztransformator gekappt. Das bedeutet, dass dieser Pfad und alles, was an diesem angeschlossen ist, keinen elektrischen Strom mehr beziehen kann. Der Vorteil ist allerdings, dass die Verkabelung besonders einfach zu realisieren ist.

Das Ringnetz bietet hier wesentlich mehr Schutz im Fehlerfall, denn hier sind mehrere Netztransformatoren vorhanden und alle Abnehmer sind ringförmig zusammengeschlossen. An definierten Punkten sind Trennstellen vorhanden, die beim Auftreten eines Problems den entsprechenden Abnehmer, oder wenige weitere mit ihm, vom Netz nehmen. Damit ist die Versorgung aller weiteren Abnehmer gesichert, bis das Problem an einer kleinen Strecke behoben wurde.

Das Maschennetz ist das aufwendigste Netz und zugleich auch das sicherste, denn hier können nahezu beliebige Abnehmer zu- und weggeschaltet werden. Auch ist nahezu eine beliebige Umschaltung zwischen den vorhandenen Netztransformatoren möglich. Allerdings ist der Verkabelungsaufwand sehr hoch Des Weiteren werden noch viele Trenn- und Umschaltstellen benötigt, um die beschriebenen Maßnahmen durchführen zu können [2, S. 284].

Neben den Netzformen gibt es in der Niederspannungstechnik (400 V AC) unterschiedliche Drehstromsysteme. Sie werden nach den folgenden drei Kriterien klassifiziert:

1. Erdungssystem der Stromquelle
2. Erdungssystem des Anwenders
3. Anordnung von Neutral- und Schutzleiter

Diese drei Kriterien werden im internationalen System mit Buchstaben abgekürzt. Die nachfolgende Tabelle veranschaulicht dies:

Tabelle 21: Kennzeichnung von Drehstromsystemen [2, S. 335]

Position	Buchstabe	Bedeutung Französisch – Deutsch	Technische Realisierung
1	T	terre – Erde	Direkte Erdung eines Punktes, beispielsweise des Sternpunktes beim Generator.
	I	isolé – isoliert	Isolierung aller leitenden Teile gegenüber der Erde.
2	T	terre – Erde	Direkte Erdung der Betriebsmittel.
	N	neutre – neutral	Verbindung der Betriebsmittel mit der Erde des Spannungserzeugers.
3	S	separé – getrennt	PE und N getrennt verlegt.
	C	combiné – kombiniert	PE und N in einem PEN-Leiter kombiniert.

Damit ergeben sich einheitliche Kennzeichnungen der einzelnen Drehstromsysteme. Beispielsweise ist ein TNC-Netz ein

- direkt geerdeter Sternpunkt des Generators,

- die Betriebsmittel sind mit der Erde des Spannungserzeugers verbunden und

- es wird ein kombinierter PEN-Leiter neben den drei Außenleitern mitgeführt.

Durch diese Kennzeichnung ist jedem Elektrotechniker bewusst, wie das Netz aufgebaut ist und wie eine entsprechende Fehlersuche bzw. ein entsprechender Geräteanschluss erfolgen soll.

Dabei ist beispielsweise in einem TN-C-System keine Installation eines Fehlerstromschutzschalters möglich, da ein Fehlerstrom aufgrund der kombinierten PEN-Leitung nicht gemessen werden kann. Ein Fehlerstromschutzschalter kann somit nur in einem TN-S-System installiert werden.

Aufbau der elektrotechnischen Verteilung in Gebäuden

Häufig ist eine Mischung aus Netzformen vorzufinden. Das heißt, dass ein TN-C-System vorhanden ist. Das bedeutet, dass der Hausanschluss mit den drei Außenleitern (L1, L2, L3) sowie dem PEN-Leiter durchgeführt wird. Im Hausanschlusskasten (HAK) wird das ankommende Leitungsstück aufgetrennt und über Sicherungen zum Stromzähler geführt. Der PEN-Leiter wird dabei an die

Potentialausgleichsschiene (PAS) angeschlossen. Von der PAS werden der N und PE getrennt. Daraus folgt, dass ab diesem Zeitpunkt ein TN-S-System im Haus herrscht. Der N wird auf den Fehlerstromschutzschalter angeschlossen und der PE auf alle PE-Anschlüsse im Haus durchgebrückt. Ab diesem Zeitpunkt darf nie wieder aus dem TN-S- ein TN-C-System gemacht werden, sprich der PE und der N dürfen nicht wieder miteinander verbunden werden. Eine eventuelle Weiterverbindung darf nur ab der PAS mit dem PEN-Leiter erfolgen.

Die Verteilung in Gebäuden unterliegt verschiedenen Normen, die gewährleisten sollen, dass jeder Dritte sich zurechtfindet und sich bei evtl. Nachrüstungen schnell einarbeiten kann. Auch sollen andere Gewerke potenziell verlegte Leitungen auffinden können. Daraus ergibt sich die DIN 18015-3. Diese Norm gibt Installationszonen an, in denen elektrische Verbindungen an Wänden und Böden installiert werden können [7, S. 199 ff].

Neben dem HAK, in dem wie beschrieben der Hauptanschluss vorgenommen wird, gibt es einen Zählerplatz. Hier werden der Stromzähler und eine Möglichkeit untergebracht, den Strom im kompletten Haus abzuschalten. Dieser kann in Form einer Sicherung oder auch in Form eines Hauptschalters ausgeführt sein. Ausgehend von diesem Punkt werden Unterverteilungen gemacht. Diese Unterverteilungen können in einem Einfamilienhaus je Stockwerk realisiert sein oder in einem Mehrfamilienhaus nach Wohnung.

In dieser Unterverteilung sind dann sämtliche Schutz- und Schaltapparate verbaut. Häufig kommen nur Sicherungen in Form von LSS und Fehlerstromschutzschalter zum Einsatz. Neben den LSS können auch weitere Apparate, wie z. B. Stromstoßschalter oder auch Relais bzw. Schütze, eingebaut werden. Das ist sehr stark von der Anwendung und den gewünschten Geräten, z. B. Hausautomatisierung, abhängig.

Grundsätzlich werden jedoch für sämtliche Anwendungen Rohre in das Mauerwerk verlegt. Damit sind Leitungen für die Stromversorgung und Multimedia unsichtbar versteckt. Mit den verbauten Rohren können, wenn auch im begrenzten Maß, spätere Nachrüstungen erfolgen.

Absicherung und Schutz gegen Personen- und Sachschäden

Grundsätzlich ist in der heutigen Zeit jegliche elektrische Installation so auszuführen, dass sie auch für Laien nicht zur Gefahr wird. Hierbei werden Personen und Gegenstände geschützt vor:

- direktem Berühren spannungsführender Teile

  - Maßnahmen: baulicher Schutz, z. B. durch Versenken metallischer Oberflächen

- indirektem Berühren spannungsführender Teile

  - Maßnahmen: räumlicher Schutz, z. B. durch Absperrungen

- Abdecken und Abschranken von elektrischen Betriebsmitteln

  - Maßnahmen: baulicher Schutz durch Verkleidungen, z. B. an Steckdosen und Unterverteilungen

- Schutz im Fehlerfall

  - Maßnahmen: z. B. durch Abschalten mit einem Fehlerstromschutzschalter

  - Maßnahmen: z. B. durch Abschalten bei zu hoher Belastung (LSS)

Diese aufgeführten Beispiele sind in keinster Weise vollständig. Sie zeigen allerdings einige Möglichkeiten auf, wie wirksamer Schutz gegen einen elektrischen Stromschlag möglich ist. Die Klassifizierungen, wie sie in der Tabelle 9 aufgeführt sind, dienen ebenfalls dem Schutz von Personen und Gegenständen.

Durch diese Vorkehrungen konnten bis in die heutige Zeit viele Anwendungen, die in der Entstehungszeit des elektrischen Stromes undenkbar gewesen wären, realisiert werden. Als früher noch hauptsächlich Freileitungen angewendet und Kabel auf Wänden angebracht wurden, waren die Möglichkeiten sehr begrenzt. Hauptsächlich wurde so die Beleuchtung und einige wenige steckbare Anwendungen realisiert. In der heutigen Zeit allerdings hat nahezu jeder Gegenstand im Haushalt einen Stromanschluss und jedes Kind kommt bereits früh mit diesen Gegenständen in Berührung. Aus diesem Grund ist der Schutz umso wichtiger.

PLANUNG VON GEBÄUDEN UND DEREN EINSATZ

Die Planung von Gebäuden gehört zur wesentlichen Aufgabe eines Architekten. Dieser legt fest, wofür das Gebäude später benutzt wird. Denkbar sind Wohnungen, Produktionsstätten und andere betriebliche Tätigkeiten. Nahezu bei jedem Zweck kann die Anforderung an die jeweilige Ausrüstung eines Gebäudes komplett anders sein, denn eine Wohnung braucht beispielsweise weniger Planung als eine Arztpraxis oder ein Produktionsunternehmen. Gerade im Hinblick auf die elektrotechnische Ausrüstung ist die zukünftige Anwendung nahezu bindend, denn nachträgliche Änderungen sind zwar häufig möglich, jedoch an relativ hohe Kosten gebunden.

Zweckbestimmung von Gebäuden und Etagen

Gebäude können viele Zwecke haben. Sie können nur einen Zweck haben oder auch untereinander kombiniert werden. Gerade in Hochhäusern werden gern Wohn- und Büroetagen kombiniert. Auch Etagen, in denen Hotels untergebracht sind, sind keine Seltenheit.

Eine genaue Kenntnis darüber, was zukünftig im Gebäude sein wird, ist aus elektrischer Sicht notwendig, um folgende Anwendungen zu planen:

- Multimedia und Telefonanwendungen
- Strommanagement in Hotelzimmern
- Automatisierungen in Wohneinheiten
- Zutrittsrechte in einzelne Etagen
- Nutzungsdauer und vorgesehene Gerätschaften

Gerade in Bürogebäuden und Büroetagen ist der Installationsaufwand für die Netzwerkverkabelung und die Stromversorgung der einzelnen Arbeitsplätze sowie die Beleuchtung extrem hoch. Daher ist eine gute Planung der notwendigen Arbeitsplätze sowie Besprechungsräume zwingend erforderlich. Gerade in Besprechungsräumen können die Anforderungen an Präsentationstechnik sowie Kommunikationstechnik extrem hoch sein.

In Hotelzimmern sieht es ähnlich aus, denn viele Gäste wollen nicht auf Multimedia wie Internet, Fernsehen und diverse Spiele verzichten. Auch hier sind dezente Beleuchtungspunkte und Kommunikationstechnik mit der Rezeption wichtig. Allerdings können die Anforderungen hier auch schnell höher werden, wenn beispielsweise ein Energiemanagement gefordert ist.

Das Augenmerk ist hierbei nicht nur auf die einzelnen Anwendungen zu richten, sondern bereits in der Wahl von Zuleitungen zur Unterverteilung; denn gerade bei Büro- und Hotelanwendungen können insgesamt viele Anwendungen mit großem Stromverbrauch anfallen. Auch viele kleine Netzteile für Computer und Laptops können bei hoher Anzahl in Verbindung mit der Beleuchtung und anderen Gerätschaften Probleme verursachen.

Auslegung von Räumlichkeiten gemäß Zweck

Ebenso wie bei der Planung von Gebäuden ist auch bei den Räumlichkeiten Sorgfalt gefragt. Bei gewerblich genutzten Räumlichkeiten bieten sich verschiedene Systeme zur Installation an, damit nicht bei der kleinsten Veränderung oder Erweiterung die Wände aufgeschlitzt werden müssen. Oft ist es bei der Planung nicht absehbar, wie viele Personen in einem Raum sein werden oder wozu der Raum genutzt wird. Denkbar sind Einzelbüros, Großraumbüros, Druckerräume, Serverräume, Besprechungszimmer usw. Für jeden dieser aufgeführten Räume gibt es unterschiedliche Anforderungen.

Gerade in Großraumbüros und Serverräumen laufen sehr viele Kabel zusammen; auch in sogenannten Installations- oder Technikräumen, die besonders bei Hotels und Mehrfamilienhäusern vorkommen. Damit solche Knotenpunkte möglichst zentral liegen, benötigt es viel Planung und Absprache mit den künftigen Nutzern.

Um den Verkabelungsaufwand in den einzelnen Räumen so gering wie möglich zu halten, besteht die Möglichkeit, die Kabel in Decken- oder Bodenkanäle zu verlegen. Damit ergibt sich der Vorteil, dass jeder Raum kurzfristig umkonfiguriert werden kann. Lediglich kleine Arbeiten in Form von Anpassung der einzelnen Anschlüsse werden vorgenommen. Die Verteilung erfolgt von Zimmer zu Zimmer, denn die Kanäle werden entweder von Raum zu Raum verbunden oder ausgehend von einem Raum bedient, wobei Ersteres einfacher für künftige Um- und Nachrüstungen ist, allerdings brandschutztechnisch aufwendiger zu schützen ist.

Damit ergeben sich viele Möglichkeiten, wie sich einzelne Etagen und Räume planen und auslegen lassen, gerade im Hinblick auf geschäftliche Anwendungen. Anwendungen für den Wohnbau sind dagegen einfacher zu realisieren, da sie pro Zimmer definiert werden können, z. B.

- Wohnzimmer
- Kinderzimmer
- Schlafzimmer
- Küche
- Flur
- etc.

Hier kann fest vorgegeben werden, wo sich welche Anwendungen befinden, z. B. die Fernsehecke oder im Kinderzimmer der Schreibtisch. Damit ist es besonders einfach, je Zimmer eine Multimediadose mit TV und Netzwerk zu verlegen, denn der Bewohner ist auf eine anschlussnahe Aufstellung seiner Möbel bedacht, da er keine Kabel sehen möchte. Ebenso ist der Strombedarf je Zimmer im Inneren eines Wohnbaus gut vorhersehbar, denn private Haushalte haben selten so hohen Energiebedarf wie zuvor genannte Räumlichkeiten. Häufig liegt allerdings das Problem im Einschaltstrom, da in der heutigen Zeit nahezu jedes Gerät ein Netzteil besitzt. Wenn besonders viele Netzteile an einer Vielfachsteckleiste und zusätzlich noch mehrere Steckleisten hintereinander angeschlossen werden, kann es vorkommen, dass die LSS den Strom kappen. Dem kann jedoch einfach entgegengewirkt werden: Neben weniger Geräten können diese etappenweise eingeschaltet oder an eine andere Steckdose angeschlossen werden.

Nachträgliche Veränderungen

Nachträgliche Veränderungen sind fast immer sehr aufwendig und teuer, denn oft bedeuten nachträgliche Änderungen, dass Wände geöffnet werden müssen, um die vorgesehenen Anwendungen zu installieren. Daher wird im Wohnbau häufig mit

Leerrohren und größeren Rohren gearbeitet, sodass nachträgliche Änderungen möglichst einfach realisierbar werden. Im betrieblichen Umfeld wird hingegen geschaut, dass mit einer abgehängten Decke die Technik, wie Beleuchtung und Verkabelung, schnell und einfach erreicht werden kann. Damit lassen sich nahezu alle Räume umfunktionieren und mit wenigen Handgriffen erweitern. Mit Rohren von der Decke lassen sich Kabel für die Stromversorgung sowie Netzwerke zu einer Arbeitsinsel diskret verstecken. Durch den modularen Deckenaufbau ist es auch möglich, einzelne Arbeitsinseln so zu verschieben, dass die Deckenelemente einfach umgesteckt werden können. Damit sind nachträgliche Veränderungen mit wenigen Handgriffen problemlos realisierbar. Allerdings darf die Leitungslänge nicht vernachlässigt werden, denn je nach Anwendung und Länge kann ein größerer Querschnitt erforderlich sein. Die Verlängerung einzelner Kabel ist hingegen unproblematisch, da oberhalb der Deckenverkleidung die nachträglich eingebauten Abzweigdosen unsichtbar sind, wenn die Deckenelemente wieder montiert wurden.

Problematisch stellt sich hingegen die Lüftung dar, denn die einzelnen Lufteinlässe und -auslässe können nicht so einfach umgesetzt werden. Sie werden häufig strömungstechnisch berechnet und strategisch im Raum platziert. Wenn große Abweichungen zur ursprünglichen Planung vorgenommen werden, wird eine neue Platzierung durch Berechnung erforderlich. Dies ist ebenso bei Sensoren für Beschattung und für Rauchmelder der Fall. Diese können auf die einzelnen Arbeitsbereiche abgestimmt sein, um z. B. die Lichtverhältnisse zu regulieren. Denkbar ist eine Beschattungsanlage in Form von Rollläden sowie eine dimmbare Beleuchtung.

HEIZUNG, LÜFTUNG UND KLIMATISIERUNG

Die Elektrotechnik wird häufig zusammen mit der Raumlufttechnik (RLT), also mit der Heizung, Lüftung und Klimatisierung (HLK) verknüpft. Das liegt daran, dass weder die RLT noch die HLK ohne elektrische Energie ihre Aufgabe, die Räume zu beheizen, zu kühlen oder zu belüften, erfüllen kann. Gleichwohl die HLK eine andere Disziplin bzw. ein anderes Handwerk ist, hat sie vieles mit Elektrotechnik zu tun, denn die kompletten HLK- und RLT-Anwendungen werden mittels Elektromotoren, Sensoren und Aktoren in Verbindung mit intelligenten Steuerungen realisiert.

Wie ist der generelle Aufbau solcher Anlagen realisiert?

Eine RLT-Anlage besteht aus einer „großen Kiste“ mit viel Technik. Diese Kiste saugt frische Luft aus der Umwelt an, die verbrauchte Luft aus dem Raum ab und beliefert den Raum mit frischer, beheizter oder gekühlter Luft. Dabei gibt es fünf verschiedene Luftarten, die in der Tabelle 22 zusammengefasst sind.

Tabelle 22: Luftarten in einer RLT-Anlage

Luftart	Abkürzung	Bedeutung
Außenluft	AU	Ansaugung frischer Luft aus der Umwelt
Fortluft	FO	Abgabe verbrauchter Luft in die Umwelt (KEIN Abgas)
Abluft	AB	Absaugung der Luft aus dem Raum
Zuluft	ZU	Zuführung von Luft in den Raum
Umluft	UM	Umwälzung, Mischung verschiedener Luftarten

Diese verschiedenen Luftarten sind alle notwendig, um eine funktionierende RLT-Anlage zu betreiben, denn bei Anwendung einer RLT-Anlage werden weder weitere Heizkörper noch Klimalüfter benötigt. Die komplette Beheizung sowie Kühlung und die Lüftung laufen durch die RLT-Anlage. Damit ist auch kein Lüften der einzelnen Räume notwendig, denn die RLT-Anlage liefert bereits die Frischluft. In Abbildung 15 ist eine RLT-Anlage schematisch dargestellt.

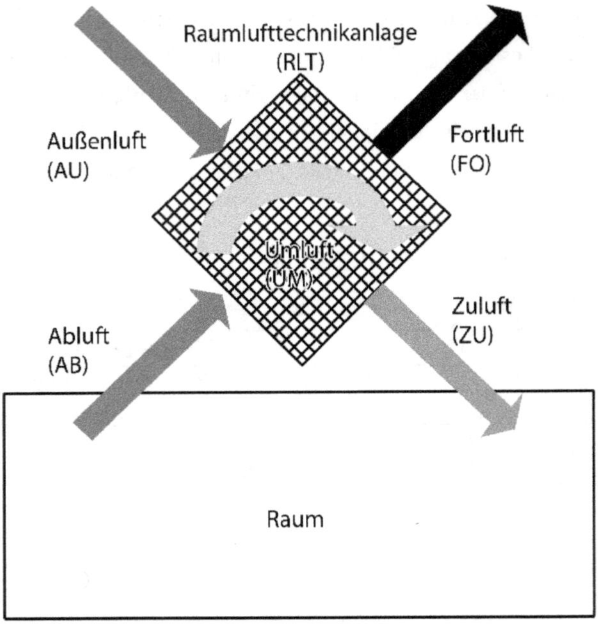

Abbildung 14: Aufbau einer RLT-Anlage

Eine RLT-Anlage beinhaltet weitaus mehr Technik, als es dem ersten Anschein nach aussieht. Eine RLT-Anlage ist im Grunde eine Lüftungsanlage. Erst mit dem Einbau weiterer Anwendungen, wie beispielsweise einer Heizung und einer Klimaanlage, können auf Basis eines Gebäudeleitcomputers (GLC) mithilfe der Gebäudeleittechnik (GLT) verschiedene Betriebsarten realisiert werden. Der GLC fungiert als Steuereinheit und wertet die Daten, die ihm über die GLT zur Verfügung gestellt werden, aus. Der GLC steuert wiederum über die GLT entsprechende Aktoren an, um die Raumluft auf konstanter Qualität und Temperatur zu halten.

Neben Sensoren und Aktoren gibt es auch Benutzerwerte, die hier zum Tragen kommen. Beispielsweise kann es je nach Anlage möglich sein, Vorgaben an die Luftqualität, wie beispielsweise den prozentualen Anteil der Frischluft, einzustellen. Ebenso können Verbrauchsdaten wie die Heiz- und Kälteleistung über die GLT an den GLC übermittelt werden. Damit ist es möglich, am Jahresende eine Nebenkostenabrechnung zu erstellen. Je nach Ausführung des GLC können weitere

Verbrauchswerte wie Strom und Wasser ermittelt werden und ebenfalls so zu einer gesamten Abrechnung der kompletten Anlage herangezogen werden.

Wie ist eine Heizungsanlage aufgebaut?

Damit ein Gebäude in kalten Jahreszeiten warmgehalten werden kann, ist eine Heizung notwendig. Damit nicht mitten im Zimmer ein Feuer angezündet werden muss, erfolgt die Beheizung in der heutigen Zeit zentral aus einem Heizraum des Gebäudes oder eines Gebäudeverbundes. Ebenso ist es möglich, die Wärmeenergie aus der Ferne (Fernwärme), z. B. aus entsprechenden Kraftwerken oder Verbrennungsanlagen, zu beziehen. Diese Anlagen produzieren die Wärme quasi als Abfall, die im nahegelegenen Umfeld zur Beheizung von Gebäuden genutzt werden kann.

Üblich sind allerdings Heizungsanlagen, die einen Energieträger, wie z. B. Gas oder Heizöl, zur Befeuerung nutzen, um kaltes Wasser zu erwärmen. In RLT-Anlagen wird dieses erwärmte Wasser durch einen Wärmetauscher gepumpt. Durch diesen Wärmetauscher fließt im geschlossenen Kreislauf das Heizungswasser. Außerdem wird durch den Wärmetauscher Luft geblasen, die somit aufgewärmt wird und zur Beheizung eines Raumes genutzt werden kann. Wenn jedoch keine RLT-Anlage verfügbar ist, wird das Wasser klassisch über Rohre zu den einzelnen Heizkörpern oder in die Fußbodenheizung gepumpt, um den Raum aufzuheizen.

Damit die **Heizungsanlage** folglich funktionieren kann, sind im Wesentlichen drei Dinge notwendig:

- elektrischer Strom
- Brennstoff
- Wasser

Der elektrische Strom wird zur Steuerung und zum Pumpen des Wassers benötigt, denn das erwärmte Wasser soll in die einzelnen Räume gelangen. Dies kann nur dann geschehen, wenn es umgewälzt wird. Damit überhaupt Wärme produziert werden kann, wird ein Brennstoff benötigt. Je nach Heizungsanlage kann entweder ein fossiler Brennstoff wie Heizöl oder Gas angewendet werden, aber auch die Nutzung von Fernwärme und Erdwärme sind gute und umweltfreundliche Möglichkeiten, um Heizenergie herzustellen. Damit die Wärme effizient im Haus verteilt werden kann, wird Wasser angewendet. Wasser ist eine hervorragende

Möglichkeit, die Wärme der Wärmequelle weiterzutransportieren. Allerdings wird nicht laufend frisches Wasser benötigt, sondern nur zum Nachfüllen, denn der Heizkreis ist ein geschlossener Kreislauf.

Wie ist eine Klimaanlage aufgebaut?

Die Funktion einer Klimaanlage unterscheidet sich wesentlich von der der Heizungsanlage, denn in der Klimaanlage wird ein Kältemittel eingesetzt, um die notwendige Kälteleistung zu erbringen. Damit das Kältemittel seine Wirkung erzielen kann, wird ein Kältemittelkompressor benötigt. Dieser pumpt das Kältemittel durch den Kältekreislauf. Wesentliche Bestandteile eines Kältekreislaufs sind neben dem Kompressor ein Verdampfer, ein Kondensator und eine Drossel. Der Kompressor verdichtet dabei das gasförmige Kältemittel von Niederdruck auf Hochdruck. Neben dem Druckanstieg erhöht sich auch gleichzeitig die Temperatur des Kältemittels. Die nächste Station des Kältemittels ist der Kondensator. Dieser kondensiert das gasförmige Kältemittel in flüssigen Zustand. Der hohe Druck und die hohe Temperatur bleiben weiterhin bestehen, während das Kältemittel das Expansionsventil durchströmt. Das Expansionsventil bewirkt, dass das Kältemittel extrem gedrosselt wird. Der Druck sowie auch die Temperatur nehmen schlagartig ab. Das noch immer flüssige Kältemittel wandert nun zum Verdampfer. Das kalte Kältemittel gibt nun die Kälte an die durch den Verdampfer durchströmende Umgebungsluft ab. Das Kältemittel ist nach dem Verdampfer wieder gasförmig und wird durch den Kompressor angesaugt. Der Kreislauf beginnt von vorn. In Tabelle 23 ist der Vorgang aufgeführt.

Tabelle 23: Vorgänge innerhalb einer Kälteanlage im Detail

Bauteil	Vorgang Erzeugung von	Druck (bar)	Temperatur (°C)	Aggregatzustand des Kältemittels	Ablauf
Kompressor/ Verdichter	verdichten	von 1 bis 4	von -3	gasförmig	
	Wärme	auf 30	auf 70		
Kondensator/Verflüssiger	kondensieren	30	55 bis 70	Eingang: gasförmig	
	Wärme			Ausgang: flüssig	
Expansions-Ventil	drosseln	von 30 auf	von 55 bis 70	flüssig	
	Kälte	ca. 2 bis 6	auf -5 bis -10		
Verdampfer	verdampfen	1 bis 4	-5 bis -10	Eingang: flüssig	
	Kälte			Ausgang: gasförmig	

Die verschiedenen Aggregatzustände des Kältemittels werden genutzt, um Kälte zu produzieren. Wichtig ist jedoch, dass der Verdampfer nicht vereist, denn im Falle des Vereisens wird das Kältemittel nicht mehr gasförmig und kann im flüssigen Zustand den Kompressor erreichen. Dieser würde sofort Schaden nehmen, da er auf das Verdichten von gasförmigen Stoffen ausgelegt ist.

Des Weiteren ist es wichtig, die Abwärme am Kondensator fortzuschaffen, damit das gasförmige Kältemittel kondensieren kann. Ohne eine Drossel also ohne das Expansionsventil, gäbe es keine Klimaanlage. Dieses zentrale Bauteil ist dafür zuständig, dass der Hochdruckkreislauf vom Niederdruck getrennt ist und das

Kältemittel im flüssigen Zustand herabgedrosselt wird. Die Herabdrosselung bewirkt im nachgelagerten Verdampfer die Entstehung von Kälte.

Ein einfaches Prinzip der Verdampfung: Steht eine nasse Wasserflasche im Wind, kühlt deren Inhalt schnell herab. Auch die Produktion von Schweiß basiert auf dem Verdampfungsprinzip.

Damit dieser Kreislauf erfolgreich funktionieren und die Klimaanlage Kälte liefern kann, wird eine Steuerung benötigt, um den Kompressor zu betreiben. Dies erfolgt in Abhängigkeit der Außenlufttemperatur sowie den verschiedenen Drücken in den einzelnen Kältemittelleitungen. Sofern eine RLT-Anlage vorhanden ist, wird die Belüftung des Kondensators und Verdampfers durch die RLT-Anlage in Abhängigkeit der verschiedenen Parameter geregelt. Diese Überwachung der Parameter dient der Steuerung bzw. Regelung der Anlage selbst wie auch dem Schutz der Anlage. Insbesondere werden folgende drei kritische Parameter überwacht:

- Vereisung des Verdampfers
- Hochdruck nach dem Kondensator
- Niederdruck vor dem Kompressor

Diese Parameter können dazu führen, dass die komplette Anlage funktionslos wird, indem der Druck, z. B. bei zu hoher Wärme, extrem ansteigt und dadurch die Bauteile bersten können. Ebenso bei Vereisung am Verdampfer kann der Kompressor bersten, indem er flüssiges Kältemittel zugeführt bekommt.

Innerhalb einer RLT nimmt der GLC die verschiedenen Sensorwerte der Klimaanlage über die GLT auf und wertet diese aus. Je nach Bedarf schaltet der GLC den Kompressor hinzu und reguliert ggf. das Expansionsventil. Damit kann im Inneren der RLT eine Mischung aus frischer, angesaugter Luft sowie ein Teil der abgesaugten Raumluft (Umluft) zusammen wieder aufbereitet, gekühlt und ggf. noch befeuchtet und schließlich dem Raum wieder zugeführt werden.

Zu beachten ist, dass der Verdampfer Kondenswasser bildet. Dieses Kondenswasser entsteht, weil die hindurchströmende, warme Außenluft schlagartig abgekühlt wird. Je nach hindurchströmender Luftmenge und Größe des Verdampfers können mehrere Liter Kondenswasser anfallen, die es abzuleiten gilt.

ÜBUNGEN ZU TEIL III

Wenn Sie den dritten Teil sorgfältig durchgearbeitet haben, sollten Sie in der Lage sein, nachfolgende Übungen erfolgreich zu beantworten. Im ‚Teil VI: Lösungen zu den Übungen' ab Seite 111 finden Sie Musterlösungen zu den Aufgaben. Bitte beachten Sie, dass die Aufgaben auf der Grundlage dieses Buches erstellt worden sind. Verwenden Sie jedoch auch das Internet für weitere Recherchen. In den Lösungen werden ggf. Links aufgeführt, die auf weiterführende Literatur verweisen. Viel Erfolg!

Übung 7: Grundlagen der Gebäudetechnik

7.1 Erläutern Sie die drei gängigsten lokalen Netzformen.

7.1.1 Welche Vor- und Nachteile haben jeweils diese Netzformen, erfassen Sie sie tabellarisch.

7.1.2 Welche Spannungsebenen sind in den lokalen Netzformen gängig?

7.2 Nach welchen Kriterien wird in der Drehstromtechnik unterschieden?

7.2.1 Wie erfolgt die Kennzeichnung dieses Unterschieds?

7.2.2 Erläutern Sie folgende Kombinationen: IT, TNC, TNS und TT.

7.3 Wie wird die elektrische Anlage in einem Haus aufgebaut, ausgehend vom HAK?

7.3.1 Welche Möglichkeiten bestehen zum Schutz für Personen und Tiere?

7.3.2 Warum ist es in der heutigen Zeit besonders wichtig, einen Schutz vorzusehen?

Übung 8: Planung von Gebäuden und deren Einsatz

8.1 Warum ist die Planung von Gebäuden besonders wichtig?

8.1.1 Wer plant den ersten Entwurf eines Gebäudes?

8.1.2 Wie werden die Pläne später umgesetzt?

8.2 Welche Unterschiede bestehen in der Nutzung eines Raumes?

8.2.1 Nennen Sie Beispiele zu unterschiedlichen Nutzungsformen eines Raumes.

8.2.2 Wie kann mit möglichst einfachen Mitteln ein Raum schnell umfunktioniert werden?

8.3 Was ist bei nachträglichen Veränderungen zu beachten?

8.3.1 Wie kann der Brandschutz bei Veränderungen gewährleistet werden?

8.3.2 Richtig oder falsch: Jeder Raum kann immer zu einem anderen Zweck umfunktioniert werden. Begründen Sie Ihre Meinung!

Übung 9: Heizung, Lüftung und Klimatisierung

9.1 Beschreiben Sie die Funktion einer RLT-Anlage mit Ihren eigenen Worten.

9.1.1 Zeichnen Sie schematisch auf, wie eine Verdrahtung zwischen RLT und GLT/GLC erfolgen kann.

9.1.2 Wie kann in der Zeichnung die Ausgabe der Verbrauchsdaten und der Benutzereingaben erfolgen?

9.1.3 Warum ist das Lüften der einzelnen Räume mit einer RLT-Anlage nicht mehr notwendig?

9.1.4 Hygiene in RLT-Anlagen ist besonders wichtig. Warum?

9.2 Erläutern Sie die Funktion einer Wärmepumpe.

9.2.1 Wie erfolgt die Unterstützung einer Heizung mittels Solarkollektoren?

9.2.2 Wieso wird elektrische Energie benötigt, damit ein Gebäude beheizt werden kann?

9.2.3 Wie kann die Wärmepumpenheizung in eine RLT-Anlage integriert werden?

9.3 Wie ist die Funktionsweise einer Klimaanlage?

9.3.1 Zeichnen Sie schematisch eine Klimaanlage mit allen notwendigen Bauteilen auf.

9.3.2 Wozu wird elektrische Energie innerhalb einer Klimaanlage benötigt?

9.3.3 Eine bestehende RLT-Anlage soll um eine Klimaanlage erweitert werden. Ist das möglich? Wenn ja, warum? Begründen Sie Ihre Antwort ausführlich, recherchieren Sie im Internet.

Teil IV: Netzwerk- und Bustechnik

Mit einer herkömmlichen Verdrahtung und Verschaltung sind die Anwendungen sehr begrenzt. Selbst bei kleinen Anlagen mit wenigen Funktionen kann der Verdrahtungsaufwand enorm sein. Dies kommt durch verschiedene Relaisschaltungen und die jeweils definierten Bedingungen, unter denen entsprechende Aktionen durchgeführt werden sollen, zustande. Damit die Verdrahtung einfacher wird, wurden kleine Rechner (Steuergeräte) entwickelt, die die konventionelle Relaisschaltung abgelöst haben. Damit die Steuergeräte arbeiten können, sind sie auf Sensorwerte angewiesen, auf deren Grundlage sie mittels Aktoren verschiedene Handlungen durchführen. Das ist bereits ein großer Platzgewinn, denn ein Steuergerät benötigt im Gegensatz zur Relaisschaltung für die gleiche Anwendung einen Bruchteil an Platz. Damit weiterer Platz eingespart werden kann, erfolgt unter den Steuergeräten die Teilung verschiedener Sensorwerte. Das kann jeder beliebige Sensorwert sein, den ein Steuergerät allen anderen im Netzwerk zur Verfügung stellt. Wie das Teilen von Informationen im Netzwerk und in verschiedenen Anlagen funktioniert, wird Ihnen in diesem Kapitel veranschaulicht. Auch dieses Kapitel schließt wieder mit einem Übungsteil ab, damit Sie das erworbene Wissen schnell und einfach überprüfen und festigen können.

BUSTECHNIK

In der Digitaltechnik wird häufig von ‚Bus' oder ‚Bustechnik' gesprochen. Das ist tatsächlich auf einen fahrbaren Bus (Straßenverkehr) zurückzuführen, denn ein Bus sammelt zuerst Menschen ein und bewegt sich entlang einer definierten Strecke, ehe er wieder die Menschen an ihrer jeweiligen Haltestation hinauslässt. Genau diese Vorstellung verhilft uns in diesem Kapitel zum Verständnis der Bustechnik, also der Kommunikation zwischen Steuergeräten.

Was ist eine Bustechnik?

Zusammenfassend ist ein Bussystem ein Verbund aus verschiedenen Steuergeräten, die unter sich Informationen austauschen. Wie in Abbildung 11 veranschaulicht wurde, „hängen" alle Steuergeräte an derselben Leitung und werden mit Informationen versorgt. Wenn das vorherige Beispiel mit den Personen im Bus (Straßenverkehr) erneut aufgegriffen wird, wird deutlich, wie das **Prinzip** genau funktioniert:

1. Passagiere steigen ein und bezahlen ihre Fahrkarte.
2. Passagiere fahren im Bus eine vorgegebene Route.
3. Am Ziel angekommen, steigen die Passagiere aus.
4. Nach dem Ausstieg verrichten die Passagiere ihr Tagesgeschäft.

Wenn nun genau dieses **Prinzip auf elektrische Steuerungen** übertragen wird, fällt auf, dass es keine wesentlichen Unterschiede gibt:

1. Eine Information wird verpackt und mit einem Ziel versehen.
2. Die Information wird über das Netzwerk verschickt.
3. Die Information wird an jedem Steuergerät eingelesen.
4. Ausschließlich das in der Information angesprochene Steuergerät öffnet die Nachricht und führt die darin enthaltene Aktion aus oder verarbeitet die Informationen für seine Tätigkeiten weiter.

Wie Sie sehen, ist das Prinzip nahezu identisch, außer dass uns Menschen keiner mit Informationen „füttern" muss, um von einem Ort zum nächsten zu gelangen. Das wissen wir bereits durch die tägliche Nutzung des öffentlichen Straßenverkehrs. Eine Nachricht zwischen Steuergeräten muss allerdings adressiert werden, andernfalls kann sie nicht umgesetzt werden, denn in einem Netzwerk aus Steuergeräten gilt der Grundsatz, dass jeder Teilnehmer am Netzwerk alles mithört, allerdings nur dann tätig wird, wenn er explizit in der Nachricht angesprochen wurde.

Damit Nachrichten zwischen Steuergeräten übertragen werden können, werden mindestens eine Stromversorgung des Steuergerätes und ein Anschluss an das Netzwerk benötigt. Häufig sind das jeweils mindestens zwei getrennte Leitungen.

In einigen Fällen kann es vorkommen, dass es nur ein Leitungspaar für die Stromversorgung mit inkludierter Informationsübertragung gibt. Das sind dann häufig Busteilnehmer, die einzelne Benutzereingaben erfassen, wie z. B.

- Schaltstellungen,
- Mindesttemperatur,
- Mindestlichtintensität,
- usw.

Aber auch das einfache Liefern von Sensorwerten, wie z. B.

- Temperatur,
- Bewegungsmeldung,
- Lichtintensität,
- usw.

ist für die einzelnen Busteilnehmer durchaus denkbar und ebenso eine übliche Vorgehensweise. Gerade bei einfachen Bauteilen, die keine große Leistung (elektrische Energie) haben, ist die Anbindung nur über das Buskabel mit integrierter Stromlieferung einfach und schnell realisierbar.

Wenn Strom und Information über die gleiche Leitung übertragen werden, ist häufig die Rede von einer ‚aufmodulierten Information'. Das bedeutet, dass die Stromversorgung z. B. mit 30 V DC erfolgt. Das ist der sogenannte Grundpegel. Auf diesem Grundpegel werden nun Informationen aufmoduliert, dementsprechend ist die Spannung nicht mehr linear bei z. B. 30 V, sondern hat eine Art „Zacken". Diese „Zacken" sind dann die übertragenen Informationen. In Tabelle 24 ist das Prinzip beispielhaft aufgezeigt. Darin ist gut zu sehen, dass die Informationen im (+) wie auch im (-) identisch sind.

Tabelle 24: Fehlerlose Informationsübertragung mit einer Grundspannung von 30 Volt

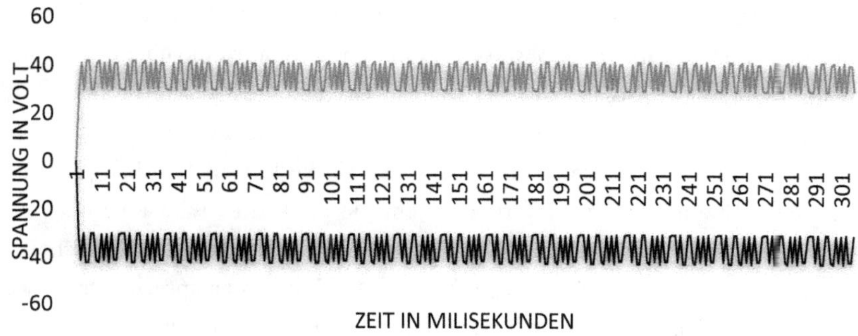

Wie funktioniert die Technik eines Bussystems?

Das Wort ‚Bus‘ ist eine englische Abkürzung und bedeutet so viel wie binäres Einheitensystem. Dabei werden üblicherweise Informationen auf einem Ein- bzw. Mehrdrahtbus durch Spannungsausschläge angezeigt (vgl. Tabelle 24). Je nach Bustechnik werden identische Informationen über beide Leitungen übermittelt, allerdings spiegelverkehrt. Damit wird immer die Resultierende aus beiden Signalen ausgewertet. Durch das verdrillte Leitungspaar, auch Twisted Pair (TP) genannt, wird im Falle einer Störung auf dem Bus immer gewährleistet, dass beide Leitungen gleichermaßen von der Störung betroffen sind. Durch die Auswertung der Resultierenden werden keine Fehlinformationen ausgewertet und so falsche Aktionen durchgeführt. Ein zusätzlicher Schutz gegen Störungen kann eine sogenannte Abschirmung bieten. Diese Abschirmung kann entweder ein Metallgeflecht oder eine Folie, z. B. eine Alufolie, sein. Allerdings sind auch Kombinationen aus TP, Alufolie und Metallgeflecht durchaus üblich. Diese äußere Abschirmung bewirkt, dass die einwirkende Störung über die Schirmung auf ein definiertes Potenzial abgeleitet wird. Dieses definierte Potenzial ist häufig die Erdung, damit ist gewährleistet, dass die Störungen möglichst schnell und leicht abgeleitet werden.

Diese Schirmung kann genutzt werden, damit keine Störeinflüsse auf Busleitungen einwirken. Eine Abschirmung kann auch verwendet werden, um hochfrequente Ströme im Inneren eines Kabels nicht an die nebenliegenden Kabel zu übertragen. Mit dieser doppelten Schirmung ist es möglich, die Störungen des hochfrequenten Kabels abzuleiten, ohne dass die Störungen durch die Schirmung in das Buskabel einfließen können. Damit wird eine nahezu störungsfreie Übertragung des Stroms sowie der Daten über die geschirmte Busleitung gewährleistet. Damit jeder Busteilnehmer weiß, was er jeweils zu tun hat, ist die übertragene Information mit einer Adresse versehen. Damit weiß der adressierte Busteilnehmer, dass er die Information umsetzen muss. Dazu entpackt er die Information und prüft anhand der ebenfalls übertragenen Prüfsumme, ob die Information komplett ist. Wenn alles stimmt, wird die Information eingelesen und es wird eine entsprechende Aktion vorgenommen. Die Datenübertragung erfolgt mit einer logischen 0 und einer logischen 1. Mit diesen logischen Werten können entsprechende Codes übermittelt werden, die der Busteilnehmer in entsprechende Aktionen umwandelt. Beispiel: Eine Information wird mit 4 Bit übertragen. Damit kann ein einfacher, digitaler Code von 16 Informationen übertragen werden. Das bedeutet, dass 16 einzelne Informationen zwischen Busteilnehmern übermittelt werden können. Dabei ist mit 4 Bit gemeint, dass 4 Stellen mit 2 möglichen Werten belegt werden können. Diese Belegung ist in Tabelle 25 veranschaulicht.

Tabelle 25: Binärkodierung von Informationen

Bit 1	Bit 2	Bit 3	Bit 4	Information
0	0	0	0	1
0	0	0	1	2
0	0	1	1	3
0	1	1	1	4
1	1	1	1	5
1	1	0	1	6
1	1	0	0	7
1	1	1	0	8
1	0	1	1	9
1	0	0	1	10
1	0	0	0	11
0	1	0	0	12
0	0	1	0	13
0	1	1	0	14
1	0	1	0	15
0	1	0	1	16

Je nach Fülle der zu übertragenden Informationen kann die Binärkodierung einfach erweitert werden. Damit ist sie die einfachste Art und Weise, neben viel komplexeren Wegen, Informationen zu übertragen.

Beispielsweise kann die Anzahl der Informationen mit der bereits angeführten Formel 6 berechnet werden. Mit der Formel 7 ist es möglich, die Informationen auf die Bitanzahl zu berechnen. Allerdings ist hierbei zu beachten, dass alle möglichen Informationen zur Berechnung herangezogen werden und nicht die übermittelten bzw. aktuell angewendeten Informationen, denn es kann sein, dass bei einer 8-Bit-Übertragung nur 52 von 64 möglichen Informationen übertragen werden. Damit bleiben die restlichen ‚Kanäle', wie in diesem Beispiel 12 Stück, unbenutzt. Dies ist jedoch nicht weiter schlimm, denn nicht übermittelte bzw. nicht genutzte ‚Kanäle' wirken weder schädlich noch hinderlich, weder für das Netzwerk noch für den einzelnen oder alle Busteilnehmer.

Formel 6: Berechnung möglicher Informationen auf Grundlage der Bitanzahl

$$Anzahl\ Bits^{\ 2} = Anzahl\ möglicher\ Informationen$$

Formel 7: Berechnung der Bitanzahl auf Grundlage der möglichen Informationen

$$\sqrt{Anzahl\ der\ Informationen} = Bitanzahl$$

In Tabelle 26 wird aufgezeigt, wie die Bitanzahl mit den jeweils möglichen zu übertragenden Funktionen realisiert ist. Die kleinste mögliche Information ist dabei **ein Bit**. Es **kann zwei Informationen übertragen**:

- die logische 1

- die logische 0

Diese Information ist ähnlich wie in Abbildung 5 bei der Aus-Schaltung. Ein einfacher Wert ist entweder eingeschaltet (1) oder ausgeschaltet (0). Im Beispiel der Abbildung 5 leuchtet entweder eine Lampe oder sie leuchtet nicht. Mit dem einfachen Bit kann eine Information, wie ein/aus oder wahr/unwahr, übertragen werden.

Tabelle 26: Gegenüberstellung von Bitanzahl, möglicher Informationen und Darstellung

Bitanzahl	1	2	4	8	16	32	64	128
Informationen/ mögliche Kombinationen	2	4	16	64	256	1.024	4.096	16.384
Darstellung	0	00	0000	0000 0000	0000 0000 0000 0000	Zu groß, um es darzustellen.		

Wie Sie nun hier sehen, ist die zu übertragende oder zu speichernde Information relativ umständlich, je größer sie wird. Aus diesem Grund gibt es die Datenmenge Byte. Dabei sind 8 Bit 1 Byte, die Berechnung erfolgt nach Formel 8 und Formel 9.

Formel 8: Berechnung der Datenmenge aufgrund von Bit

$$\frac{Anzahl\ Bits}{8} = erforderliche\ Datenmenge$$

Formel 9: Berechnung der Bitanzahl aufgrund der Datenmenge

$$erforderliche\ Datenmenge \times 8 = Anzahl\ Bits$$

Dabei entsprechen 128 Bit einer Datengröße von 16 Byte. Dieses hier aufgeführte Beispiel einer einfachen Binärcodierung wird heute nur noch sehr selten angewendet, da sie sehr ineffizient ist. Sie wird allerdings zur Veranschaulichung der Datenübertragung herangezogen, da das Prinzip einfach ist und dadurch für die Einführung in die Netzwerk- und Bustechnik vollkommen ausreichend ist.

Welche Vor- und Nachteile bringt die Bustechnik mit sich?

Die Bustechnik ist in der heutigen Zeit eine Technik, die zum Standard gehört. Nahezu jede Anwendung nutzt eine oder mehrere Adern für die Übertragung von Informationen innerhalb eines Netzwerks. Neben dieser Übertragung erfolgen die Datenerfassung sowie die Ausführung von Handlungen außerhalb vom eigentlichen Netzwerk. Dabei können folgende Vor- und Nachteile zusammengefasst werden:

Vorteile eines Bussystems:

- Austausch von gemeinsam genutzten Informationen, wie z. B.

• Datum und Uhrzeit

• Temperatur

• Beleuchtungsstärke

• Präsenzmeldung

• usw.

- Durch den Austausch von gemeinsam genutzten Informationen können verschiedene Einsparungen vorgenommen werden, z. B.:

• Im Bereich der Sensoren: Viele Sensoren brauchen nicht doppelt verbaut zu werden.

• Die Erfassung der Sensordaten kann unter Steuerungen unterschiedlich platziert werden, beispielsweise an dem Ort, an dem ein Sensor am zugänglichsten ist bzw. eine kurze Kabellänge aufweist, oder man muss aus Gründen der Anschlussmöglichkeit auf eine andere Steuerung ausweichen, die mehr Anschlussmöglichkeiten bietet.

• Im Bereich von Aktoren können deren Werte oder Aktionen Einfluss auf andere Prozesswerte im Netzwerk haben.

- Einfache Verkabelung von Systemen und Zentralisierung von Anwendungen:

• Die Verkabelung erfolgt besonders einfach, mit nur wenigen Adern, damit wird besonders der Rohstoff Kupfer eingespart.

• Weniger Steckerschnittstellen entstehen, damit reduzieren sich zugleich Kosten für die Produktion und die Fehlerwahrscheinlichkeit.

- Zentrale Informationsgewinnung: Steuerungen, die in einem Netzwerk arbeiten, können häufig von einem zentralen Ort aus manipuliert werden:

• Es können zentrale Aktualisierungen (Updates) erfolgen, damit wird Zeit eingespart, da nicht jedes einzelne System aufwendig aktualisiert werden muss.

• Eine zentrale Fehlersuche und Diagnostik sind einfach und schnell realisierbar.

- Einfache Erweiterung und Skalierbarkeit von Systemen:

• Mit der Zentralisierung ist es besonders einfach, gewisse Systeme zu erweitern.

• Aus diesem Grund werden immer Reserven vorgesehen, damit einfach und schnell Änderungen und Erweiterungen durchgeführt werden können.

- Sichere und zuverlässige Technik:

• Durch die doppelte Datenübertragung ausfallsicher, gerade bei Störeinflüssen.

• Übertragung von Informationen erfolgt mit Prüfsummen, damit ist gewährleistet, dass nur vollständige Informationen verarbeitet werden.

- Energieschonend [8, S. 982 ff] durch Realisierung von:

• Abschaltroutinen

• Präsenzmeldungen

• Unterstützung der Menschen durch Entlastung und Automatisierung

• Intelligente Steuerung von Heizung, Klimatisierung, Lüftung und Beschattung

- Umweltschonend durch:

• Nutzung von Synergien mit anderen Systemen

• Verbrauch weniger Rohstoffe bei der Herstellung von Bauteilen

Nachteile eines Bussystems:

- „Neue, moderne Technik“, soll bedeuten:

• Häufige Ablehnung durch ältere Personen, da komplizierter als das Altbekannte

• Häufig teurer als konventionelle Systeme

- Ausbildung und Schulung von Personal notwendig:

• Besonders bei der Fehlersuche ist einiges an theoretischem Hintergrundwissen erforderlich, um effizient und richtig bei der Fehlersuche vorzugehen.

• Schulung im Umgang, also Bedienung, Software-Updates, Nachrüstungen usw.

- Viele Abhängigkeiten untereinander

• Durch den Informationsaustausch bestehen viele Abhängigkeiten, dadurch kann es sein, dass gleichzeitig mehrere Systeme ausfallen oder gestört sind.

• Bus ist nicht gleich Bus: Jeder Netzwerkteilnehmer muss „die gleiche Sprache wie alle im Netzwerk sprechen“, andernfalls braucht es eine Art „Übersetzungsbox“, ein sogenanntes Gateway (siehe auch [8, S. 71 ff]).

- Aufwendige Erstellung von Anwendungen:

• Häufig wird zwischen Firmware und Applikation, also Software, unterschieden: Dabei stellt die Firmware das „Grundgerüst“, also das Betriebssystem, des Rechners dar und die Applikation die Software für den eigentlichen Einsatzzweck.

• Unterschiedliche Programmiersprachen zur Erstellung von Firm- und Software, dadurch ist eine große Anzahl an Spezialisierungen notwendig.

• Unterschiedliche Busprotokolle können die Erstellung von Software für einzelne Anwendungen signifikant erschweren, besonders im Bereich sicherheitskritischer Anwendungen, in denen es gilt, das Sicherheitsintegritätslevel (SIL) zu erfüllen. Mögliche SIL sind zwischen ‚non SIL‘ sowie ‚SIL 0‘ bis ‚SIL 4‘. Dabei ist ‚non SIL‘ keine SIL-Anforderung und ‚SIL 4‘ die höchste Sicherheitsstufe mit dem größtmöglichen Aufwand in Bezug auf Störsicherheit, Fehlererkennung und sofortiges Anhalten automatisierter Prozesse und Systeme.

Wie Sie sehen, gibt es einige Vor- sowie auch Nachteile bei der Arbeit mit Bussystemen. Allerdings ist diese Technik in der heutigen Zeit nicht mehr wegzudenken, gerade in sicherheitskritischen Anwendungen wie Maschinen und Anlagen oder auch Fahrzeugen (Pkw, Lkw, Bahn, Luft- und Schifffahrt).

BUSTECHNIK IN KRAFTFAHRZEUGEN

Die Kfz-Technik ist in der heutigen Zeit sehr stark am Wachsen. Als Grund kann angegeben werden, dass jeder ein schöneres, neueres und schnelleres Auto haben möchte. Bereits vor dem 18. Lebensjahr wird mit dem Führerschein begonnen, damit man am 18. Geburtstag ein eigenes Auto hat und man sich „zu den Großen" dazuzählen kann. Damit in ein Auto möglichst viel Technik passt, ist es notwendig, jeden Bauraum so gut wie möglich zu nutzen. Es gibt infolgedessen kaum Platz für Verschwendungen aufgrund doppelter Bauteile, die komplett unnötig sind. Daher werden, wo immer möglich, Bauteile, Kabel und Stecker vermieden. Dies kann jedoch nur erfolgen, wenn Signale aufgenommen und verarbeitet werden, sodass sie auf dem Bus zwischen den einzelnen Steuerungen interpretiert werden können.

Analog vs. digital: wie Signale verarbeitet werden

Es gibt einige **Arten von Signalen**:

- **Digitale Signale**, z. B. logisch ‚0' und logisch ‚1'.

- **Analoge Signale**, die einen Messwert als Strom- oder Spannungswert liefern.

- **Signale mit Auswertung der Frequenz**, die z. B. Drehzahlen ermitteln.

- **Signale mit einer Pulsweitenmodulation** (PWM) für unterschiedliche Ein- und Ausgänge.

Bereits mit diesen vier Arten von Sensoren kann eine Vielzahl an verschiedenen Anwendungen zur Erfassung verschiedener Werte am Kfz realisiert werden. Der Klassiker als Sensor ist natürlich ein Schalter. Ein Schalter ist ein digitaler Eingang und kann sofort weiterverarbeitet werden. **Ein Schalter kann in unterschiedlichen Formen und Techniken vorkommen:**

- **Lichtschranke**: als berührungsloser Schalter, zur Absicherung von Grenzwerten.

- **Magnetschalter**: als berührungsloser Schalter, der auf magnetische Flächen reagiert.

- **Mikroschalter**: als Sensor, z. B. wenn eine Tür geöffnet wird oder ein Endanschlag erreicht wurde.

- **Rollenschalter**: Endschalter zur Erfassung von Endanschlägen.

- **Ausschalter**: zum Ein- und Ausschalten von Geräten.

- **Magnetkontakte**: für die Erfassung verschiedener Endpunkte, z. B. Füllstand, Endanschlag usw.

- **Druckschalter**: für die Erfassung von Druckwerten ab einem bestimmten Druck, z. B. Öldruck.

- **Schwimmerschalter**: für die Erfassung minimaler Flüssigkeitsstände (Warnmeldung).

Allein durch diese wenigen Beispiele lassen sich bereits viele Anwendungen realisieren. Allerdings sind Schalter nicht immer ausreichend, gerade wenn es in Richtung Drehzahlerfassung geht. Hier gibt es verschiedene optische sowie auch auf dem Magnetprinzip basierende Sensoren, die entweder ein Wechselspannungssignal (Analog), ein PWM-Signal oder auch ein Frequenzsignal liefern. Weitere analoge Sensoren gibt es beispielsweise in der Erfassung des Beladungszustands des Kfz. Hier wird häufig eine Widerstandsschleifbahn angewendet. Dabei werden in der Steuerung die jeweiligen Werte hinterlegt (hoher Widerstand und tiefer Widerstand). Dabei können die Werte von ‚beladen' bis ‚unbeladen' gehen; jeglicher Wert dazwischen ist ebenfalls möglich. Dieser Achsbeladungszustand kann für mehrere Systeme gleichzeitig genutzt werden:

- Elektronisches Stabilisierungsprogramm

- Regulierung der Lichtweite

- Regulierung der Bremsstärke

- usw.

Zudem wird eine Widerstandsschleifbahn beispielsweise zur genauen Ermittlung von Flüssigkeitsständen verwendet. Ein gängiges Beispiel ist die Kraftstoffanzeige im Kombiinstrument. Weitere analoge Signale ergeben sich z. B. aus verschiedenen Druckmessungen, beispielsweise am Railrohr (Kraftstoffverteilerrohr). Hier wird ein sehr genauer Wert benötigt, um die genaue Einspritzmenge zu bestimmen. Dementsprechend wird ein Drucksensor auf Strom- oder Spannungsprinzip benötigt, der den Wert an die Steuerung übermittelt.

Zusammenfassung von Signalen: die Kommunikation im Fahrzeug

Die Kommunikation innerhalb eines Netzwerks erfordert, dass jeder Teilnehmer nach einheitlichen Regeln kommuniziert, damit alle Teilnehmer sich untereinander verstehen. Diese Kommunikation innerhalb eines Netzwerks kann mit einer zwischenmenschlichen Kommunikation verglichen werden. Die zwischenmenschliche Kommunikation basiert auf einheitlichen Zeichen und bestimmten Regeln, die je nach Sprache variieren können:

- Deutsch

- Englisch

- Französisch

- usw.

Damit sich eine zwischenmenschliche Kommunikation aufbauen kann, ist es erforderlich, dass mindestens zwei Menschen die gleiche Sprache sprechen, z. B. Deutsch. Wenn allerdings zwei Menschen mit unterschiedlicher Sprache kommunizieren wollen, brauchen sie eine Übersetzung aus der einen in die andere Sprache, damit die Kommunikation erfolgreich vonstattengehen kann, oder sie sprechen in einer Weltsprache zueinander, wie z. B. Englisch. So ähnlich funktioniert es auch zwischen Steuerungen in einem Kfz, nur dass die ausschlaggebende Sprache die Informationskodierung sowie die Geschwindigkeit ist, mit der die Daten auf dem Bus übertragen werden. Die verschiedenen Bussysteme unterscheiden sich z. B. in ihrer Art bzw. in ihrer Geschwindigkeit. Beispielsweise kann der CAN-Bus in einzelne Typen, nach deren jeweiliger Verwendung, unterteilt werden:

- **Antriebsbus** mit 1-V-Ausschlag zur Nutzung für besonders schnelle Anwendungen, wie z. B. Motorsteuerung und Sicherheitssteuerung.

- **Komfortbus** mit 5-V-Ausschlag zur Nutzung von weniger schnellen Systemen, wie Beleuchtungssteuerung und anderen unkritischen Systemen, beispielsweise der Klimaanlage.

- **Steuerungsbus** mit bis zu 12-V-Ausschlag für lokale und langsame Systeme, die keiner großen Kommunikation bedürfen, wie z. B. der Scheibenwischer.

- **Unterhaltungsbus** als Lichtwellenleiter ausgelegt – aufgrund der großen übermittelten Datenmengen.

Diese vier Beispiele zeigen auf, dass je nach Anwendung ein unterschiedlich schneller Bus benötigt wird. Außerdem ist noch die Datenmenge entscheidend. Dadurch können in einem Fahrzeug mehrere Bussysteme zum Einsatz kommen, die eine definierte Kommunikation untereinander notwendig machen. In Abbildung 16 ist ein beispielhaftes Bussystem in einem Kfz aufgezeigt.

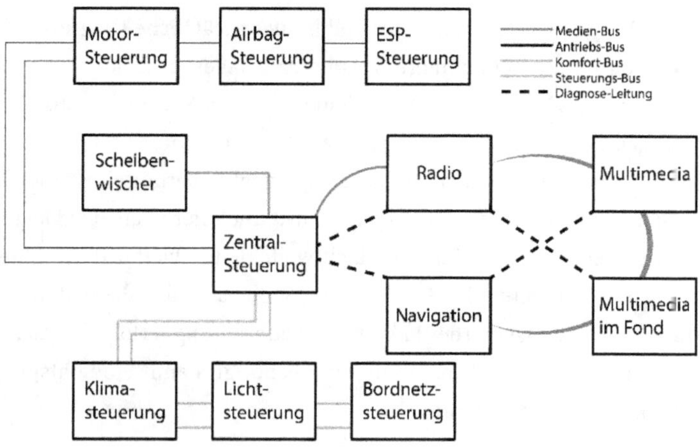

Abbildung 15: Beispiel eines Busaufbaus eines Kfz

Man kann gut erkennen, dass jeglicher Bus in der Zentralsteuerung mündet. Damit ist die Zentralsteuerung der Dreh- und Angelpunkt innerhalb des Netzwerks. Das bedeutet, dass die Zentralsteuerung als Übersetzung unter den verschiedenen Systemen fungiert. Wie in Abbildung 16 dargestellt, ist sie zentral verschaltet und kann somit definierte Signale zwischen den einzelnen Systemen übersetzen und sie den Systemen zur Verfügung stellen. Die Zentralsteuerung wird dadurch auch als Gateway bezeichnet. Neben der Übersetzung zwischen den einzelnen Systemen übernimmt das Gateway auch die Schnittstelle zum externen Diagnosesystem.

Über diese Schnittstelle erfolgt nicht nur die Diagnose der einzelnen Geräte und Systeme im Netzwerk, sondern auch, wenn nötig, eine Softwareaktualisierung der einzelnen Geräte. Das Gateway fungiert zudem als Trenner zwischen den einzelnen Systemen. Dies bewirkt, dass im Falle einer Störung auf einem der Systeme die jeweils anderen von der Störung nicht behindert werden. Es können zwar vereinzelt Informationen fehlen, allerdings kommen dann entsprechende Ersatzwerte zum Tragen. Das Gateway ist in der Regel entweder eine Zentralsteuerung oder Bordnetzsteuerung, aber auch ein Kombiinstrument kann diese zentralen Funktionen übernehmen.

Die einzelnen Bussysteme, wie der Antriebs-, Komfort- und Steuerungsbus, sind mit dem Gateway per Zweidrahtbus verbunden. Neben diesen Kupferleitungen fällt auf, dass der Multimediabus keine doppelten Leitungen besitzt. Dieser ist in Form eines Ringnetzwerks aufgebaut und besitzt zusätzliche Diagnoseleitungen zwischen den einzelnen Teilnehmern. Das kommt daher, dass der Multimediabus als Lichtwellenleiter aufgebaut ist. Das bedeutet, dass der Multimediabus nicht über Kupferleitungen kommuniziert, sondern über Glasfaserleitungen. Diese Glasfaserleitungen sind eine Art Schlauch, in dem Lichtsignale übermittelt werden. Neben dem eigentlichen Lichtwellenleiter hat jeder Busteilnehmer noch eine Diagnoseleitung, um Unterbrechungen in einem der Lichtwellenleiter diagnostizieren und melden zu können. Denn wenn eine Unterbrechung eines Lichtwellenleiters vorliegt, kann keine Informationsverarbeitung und -weiterleitung erfolgen. Aus diesem Grund wird eine zusätzliche Diagnoseleitung benötigt, damit eine entsprechende Störung übermittelt werden kann.

Multimediabus: Wie funktioniert ein Lichtwellenleiter?

Der Multimediabus überträgt mit seinen Lichtsignalen enorme Datenmengen in extrem kurzer Zeit. Dies beruht auf dem Prinzip der Lichtgeschwindigkeit. Die Lichtgeschwindigkeit beträgt ca. 300 000 km pro Sekunde [9]. Somit erreicht ein Lichtstrahl von der Erde den Mond in ca. 1,3 Sekunden. Dabei ist der Lichtwellenleiter (LWL) im Inneren wie eine Art Spiegel aufgebaut und reflektiert die Lichtwellen immer weiter und trägt so entsprechende Informationen von einem Gerät zum anderen. Dabei fungiert jedes Gerät als Sender und Empfänger, denn das Gerät benötigt selbst Informationen und muss auch anderen Geräten Informationen mitteilen. Diese Verkabelung ist in Abbildung 17 etwas vereinfacht dargestellt; prinzipiell ist in jedem Gerät eine Sende- sowie eine Empfangseinheit vorhanden (siehe auch Nummer [10, Kap. 5.2.3.3] bei ‚Quellen und weiterführende Literatur‘ auf Seite 144).

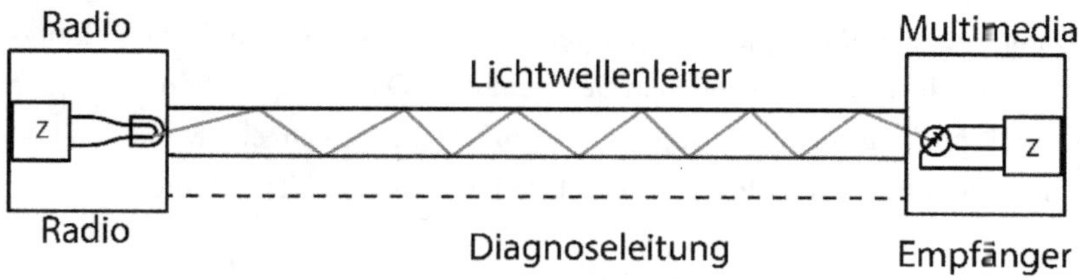

Abbildung 16: Beispielhafter Aufbau einer LWL-Verkabelung

Die **Übertragungsgeschwindigkeit hängt** dabei **von** wesentlichen **Faktoren während der Übermittlung der Lichtsignale sowie von deren Verarbeitung ab:**

- Qualität des LWLs
- Qualität und Sorgfalt der gecrimpten LWL-Stecker an den Enden des LWLs
- Biege-Radien des LWLs
- Scheuerstellen, Quetschungen und Hitzeeinwirkung des LWLs
- Sendeeinheit: die Leistung der Diode
- Empfangseinheit: die Leistung des Empfängers

- Sauberkeit der Anschlüsse sowie Kratzer an den Anschlüssen

- Geschwindigkeit des Rechners zum Einlesen, Verarbeiten und Versenden der Informationen

Wie Sie sehen, bringt die Technologie des LWL eine Reihe von Problemen mit sich, die bei Kupferkabeln früher kein Problem waren. Gerade die Biege-Radien und die Sauberkeit der Anschlüsse waren mit Kupferkabeln kein Thema, es sei denn, die Anschlüsse waren verrostet, lackiert oder durch sonstige nicht leitende Mittel blockiert. Auch der Biege-Radius ist kein Thema gewesen, hier konnten Überlängen einfach im Kabelbaum mit einer Schlaufe behoben werden. Dies ist mit einem LWL nicht mehr möglich. Auch Belastungen des LWLs durch Druck, Zug oder häufiges Biegen führen zu einer erhöhten Dämpfung. Was beim Kupferkabel der elektrische Widerstand ist, ist beim LWL die Dämpfung. Als Dämpfung wird bezeichnet, wenn die Lichtimpulse nur eingeschränkt beim Empfänger eintreffen. Begünstigt wird die Dämpfung z.B. durch die oben aufgeführten Fehler oder durch die Leitungslänge an sich. Je nach angewendetem Gerät kann die Dämpfung mehr oder weniger sein, damit noch aus den Lichtimpulsen die Informationen abgeleitet werden können. In Abbildung 18 ist aufgeführt, was bei einem beschädigten Mantel passiert.

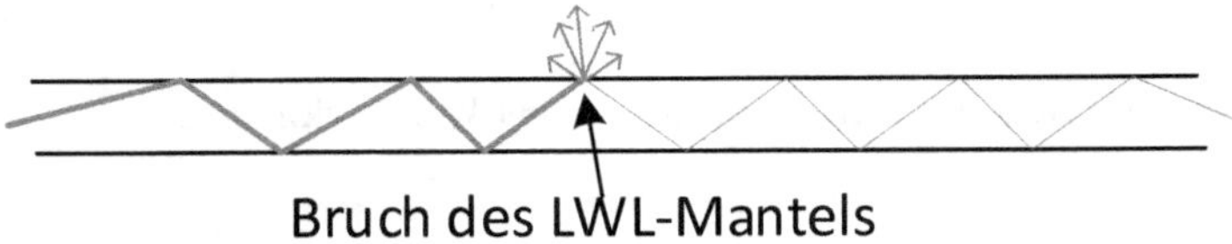

Abbildung 17: Beispielhafte Beschädigung eines LWLs: Bruch des Mantels

Die Lichtimpulse streuen aus dem LWL heraus. Falls eine Reflexion noch möglich ist, wird diese weitergeleitet, in ganz schlimmen Fällen, wie z. B. einer Abtrennung des LWLs, erfolgt keine Datenübertragung und das entsprechende Gerät geht auf Störung. Dasselbe passiert, wenn die Anschlussoberflächen schmutzig oder zerkratzt sind: Es entsteht eine Streuung des Lichtimpulses. Damit kommt es zu einer Dämpfung. Auch bei einem Einquetschen des LWLs kommt es zu Brüchen im inneren des LWLs, die eine Streuung des Lichts mit sich bringen und damit die gefürchtete Dämpfung.

GEBÄUDEAUTOMATION

Wie auch in der Kfz-Technik gibt es in Gebäuden viele Entwicklungen und neue Technik. In der heutigen Zeit möchte nahezu jeder mit dem Smartphone alles bedienen und steuern können. Aber auch automatische Steuerungen, die den Menschen bei der täglichen Arbeit helfen, z. B. beim Ausschalten von Licht oder bei der Verdunkelung, wenn die Sonne scheint, oder bei der Regelung der Heizung, wenn keiner zu Hause ist. Alle diese Funktionen sind denkbar, bedürfen jedoch einiger Verdrahtung und Kenntnis in der Handhabung sowie bei der Installation, Wartung und Fehlersuche. Aus diesem Grund gibt es verschiedene Gebäudeautomationssysteme, die es ermöglichen, den Bewohner bei vielen Anwendungen zu unterstützen. Im Folgenden werden das Bussystem der KNX-Technik, die Internet- und Netzwerktechnik und schließlich die RLT-Anlagen –die zurzeit neuste Entdeckung – beschrieben.

KNX-Bussystem

Die Verkabelung für immer höhere Anforderungen und Wünsche der Bewohner einzelner Wohnungen und Häuser stellt die Elektrotechnik immer wieder vor große Probleme. Gerade im Bereich nachträglicher Änderungen sowie Funktionserweiterungen stößt man bei der konventionellen Verkabelung oft sehr schnell an Grenzen, wenn keine Wände geöffnet werden sollen. Hierbei hilft das KNX-Bussystem. Es ist ein Zweidrahtbus mit integrierter Stromübertragung. Das bedeutet, dass gewisse Bauteile wie Sensoren, Schalter oder andere Geräte nicht unbedingt eine externe Stromversorgung benötigen, sondern direkt von der KNX-Leitung gespeist werden können.

KNX-Leitungen sind häufig grüne Mantelleitungen mit 4 Drähten im Inneren:

1. Ader-Paar Rot und Schwarz als TP ausgeführt.

2. Ader-Paar Gelb und Weiß als TP ausgeführt.

Häufig ist noch eine Schirmung vorhanden, die externe Störeinflüsse abhalten soll.

Zur Kommunikation wird die resultierende Spannung zwischen den beiden Adern, also (+) und (-), ausgewertet [11, S. 34]. Die Signalübertragung erfolgt durch

Modellieren auf die Grundspannung von ca. 30 V DC, wie es bereits in Tabelle 24 aufgezeigt wurde. Mehr Informationen zur Signaldarstellung und -übertragung kann unter der Nummer [12, Kap. 2.6.2] im Kapitel ‚Quellen und weiterführende Literatur' eingesehen werden. Mit dieser kombinierten Strom- und Signalleitung können somit Geräte einzeln oder mit einer Energieversorgung von 230 oder 400 V AC angefahren werden. In beiden Fällen ist im Inneren der KNX-Geräte eine Drossel eingebaut, die die Informationen herausfiltert und zugleich die Elektronik mit Strom versorgt.

Wie in der Kfz-Technik werden auch hier alle Informationen stets an alle Teilnehmer versendet. Allerdings verarbeiten nur die Geräte die jeweilige Information, an die die Information adressiert wurde. Damit ist es möglich, ein KNX-System mit mehreren Bereichen, Linien und Geräten aufzubauen. Jedes Gerät hat eine Adresse aus drei Zahlen, wie das nachfolgende Beispiel aufzeigt:

0. Bereich Außenanlage

- 0.1 Linie Außenanlage
  - 0.1.1 Gerät 1
  - 0.1.2 Gerät 2
  - 0.1.3 Gerät 3

1. Bereich Nord

- 1.1 Linie Stockwerk 1
  - 1.1.1 Gerät 1
  - 1.1.2 Gerät 2
  - 1.1.3 Gerät 3
- 1.2 Linie Stockwerk 2
  - 1.2.1 Gerät 1
  - 1.2.2 Gerät 2
  - 1.2.3 Gerät 3

2. Bereich Ost

2.1 Linie Stockwerk 1

2.1.1 Gerät 1

2.1.2 Gerät 2

2.1.3 Gerät 3

2.2 Linie Stockwerk 2

2.2.1 Gerät 1

2.2.2 Gerät 2

2.2.3 Gerät 3

3. Bereich Süd

3.1 Linie Stockwerk 1

3.1.1 Gerät 1

3.1.2 Gerät 2

3.1.3 Gerät 3

3.2 Linie Stockwerk 2

3.2.1 Gerät 1

3.2.2 Gerät 2

3.2.3 Gerät 3

4. Bereich West

4.1 Linie Stockwerk 1

4.1.1 Gerät 1

4.1.2 Gerät 2

4.1.3 Gerät 3

4.2 Linie Stockwerk 2

4.2.1 Gerät 1

4.2.2 Gerät 2

4.2.3 Gerät 3

Eine vollständige Auflistung eines Einfamilienhauses finden Sie in der Anlage zum Buch ab Seite 131. Damit ergibt sich die Topologie eines Netzwerks und auch die physikalische Adresse eines jeden Gerätes im Netzwerk [11, S. 58]. Mit der jeweiligen Adresse des Gerätes kann somit genau herausgefunden werden, was nicht funktioniert. Wenn z. B. ein Fehler im zweiten Stock des Bereichs Süd auftritt, kann in der Unterverteilung schnell und einfach das entsprechende Gerät mit den Adressen herausgefunden werden. Mit den sogenannten Linienkopplern können zahlreiche Verbindungen zwischen den einzelnen Linien geschaffen werden. Diese Verbindungen dienen als eine Art Software-Verbindung, die beispielsweise als Grundlage für das Auslösen von Ereignissen genutzt wird. Wenn etwas Bestimmtes geschehen soll, dann wird mit dem Linienkoppler eine definierte Handlung erstellt, die er von einer Linie zur nächsten überträgt. Beispielsweise wird im Bereich Ost eine Bewegung in der Nacht registriert, die dort nicht sein dürfte. Sofort werden die Bewohner im Bereich Nord informiert, indem z. B. ein Alarm eingeschaltet wird. Damit die KNX-Geräte untereinander kommunizieren, ist es neben einer physikalischen Adresse notwendig, die einzelnen Funktionen zu verbinden. Sie können sich das ungefähr so vorstellen: Jeder KNX-Aktor und -Sensor haben interne Funktionen, die wiederum mit anderen Sensoren und Aktoren gekoppelt werden können. Dies geschieht während der Programmierung in der Engineering Tool Software (ETS). Im Falle eines KNX-Aktors mit z. B. vier Dimm-Ausgängen sind folgende Funktionen enthalten:

0.1 Rückmeldung Aktor-Funktion (eine Art Lebenszeichen)

1.1 Schaltausgang (100 % ein)

1.2 Dimm-Ausgang (0 bis 100 % ein)

1.3 Kontrollausgang (Rückmeldung der Ansteuerung 0 bis 100 %)

2.1 Schaltausgang (100 % ein)

2.2 Dimm-Ausgang (0 bis 100 % ein)

2.3 Kontrollausgang (Rückmeldung der Ansteuerung 0 bis 100 %)

3.1 Schaltausgang (100 % ein)

3.2 Dimm-Ausgang (0 bis 100 % ein)

3.3 Kontrollausgang (Rückmeldung der Ansteuerung 0 bis 100 %)

4.1 Schaltausgang (100 % ein)

4.2 Dimm-Ausgang (0 bis 100 % ein)

4.3 Kontrollausgang (Rückmeldung der Ansteuerung 0 bis 100 %)

Eine vollständige Auflistung von Funktionen eines Tasters finden Sie in der Anlage zum Buch ab Seite 131. Jede Funktion kann nun innerhalb der ETS mit einer anderen Funktion, z. B. einem Taster oder einem Bewegungsmelder, kombiniert werden. Außerdem lassen sich in der ETS noch weitere Einstellungen vornehmen, z. B. kann die Schnelligkeit – wie schnell soll hoch oder herab gedimmt werden – und die Grundbeleuchtungsstärke beim Einschalten eingestellt werden. Weitere Parameter, wie die Kontrollausgänge, werden nur dann benötigt, wenn z. B. ein Übersichtsdisplay oder ein Smartphone zur Visualisierung der Zustände genutzt wird. Hier können die entsprechenden Informationen übersichtlich visualisiert werden, um einen Überblick über gewisse Funktionen zu erhalten.

Wichtig bei der Erstellung von Verbindungen ist die Beachtung der jeweiligen Kundenwünsche, denn je nach Kundenwunsch können die Verbindungen in der ETS realisiert werden und ohne große Probleme im Nachhinein auch noch umgestellt werden, wenn z. B. falsche Anwendungen programmiert wurden oder andere Anwendungen realisiert werden sollen. Eine beispielhafte Auflistung von Verbindungen finden Sie in der Anlage zum Buch. Es ist ebenso möglich, per Funk gewisse Aktionen zu realisieren. Allerdings werden Funksysteme immer seltener, da die Benutzer in Verbindung mit dem Smartphone jederzeit Zugriff auf ihr System haben. Funkanwendungen kommen oft nur dann zum Einsatz, wenn große Änderungen realisiert werden müssen oder die Gebäudeautomation nachträglich installiert wird.

Wenn gewünscht, ist es auch möglich, nicht nur aus dem eigenen lokalen Netzwerk auf die Gebäudesteuerung zuzugreifen, sondern auch aus dem Internet. Damit dies gelingt, ist es notwendig, ein entsprechendes Gateway zu installieren, das die Verbindung herstellt und die entsprechenden Aktionen durchführt und die gewünschten Informationen bereitstellt.

Internet und Netzwerktechnik

Neben der Gebäudeautomation gibt es auch zahlreiche weitere Anwendungen, die in einem Gebäude vorhanden sind. Das sind beispielsweise:

- Netzwerktechnik für Internet
- Netzwerktechnik für Überwachungstechnik
- Fernsehtechnik (Kabel- und/oder Satellitenempfang)
- Telefontechnik
- Klingel-/Gegensprechanlage für die Türöffnung

Die einfachste und am weitesten verbreitete Technik sind die Klingel- und Gegensprechanlagen. Auch diese Anlagen sind mit einem Zweidrahtbus ausgerüstet, dessen Leitungen gleichzeitig als Stromversorgung dienen. Neben der übermittelten Klingelinformation werden Sprachinformationen oder sogar Videoinformationen übermittelt. Diese relativ einfache Anlage besteht aus folgenden Bauteilen:

- Sendereinheit, bestehend aus Lautsprecher, Kamera und Klingeltasten
- Klingeltransformator, der die notwendige Stromversorgung bereitstellt
- Etagenrufe, also Klingeltaste
- Wohnungsmodule, um Bildsignale zu empfangen sowie Tonsignale zu empfangen und zu senden.

Damit ist die Anlage bereits komplett. Je nach Anzahl der Bewohner variieren die Klingeltasten und somit die Anzahl der Wohnungsmodule.

Die Netzwerktechnik ist im Vergleich dazu schon komplexer. Bei der Netzwerktechnik kommt es sehr stark auf die Anwendung an. Es können hierbei gewisse Inselsysteme realisiert werden. Beispielsweise können folgende Systeme aufgebaut werden:

- Kameranetzwerk zur Überwachung der Außenanlage des Hauses
- Gästenetzwerk, um dem Besuch Internet zur Verfügung zu stellen
- Multimedianetzwerk als speziell abgekapseltes Netzwerk vom Internet
- Hausnetzwerk für die Bewohner und ihre entsprechenden Anwendungen

Damit diese Systeme aufgebaut werden können, ist es notwendig, die entsprechenden Rohre vor Beendigung von Gipser- und Malerarbeiten zu verlegen. Diese Rohre gewährleisten, dass die Netzwerktechnik später eingebaut werden kann. Üblich ist auch die Verwendung unterschiedlicher Kabel, damit die einzelnen Systeme voneinander unterschieden werden können; dies ist aber nicht zwingend notwendig. In einem Netzwerk- oder Installationsraum gehen dann alle Netzwerkleitungen zusammen auf ein oder mehrere Patchpanels. Diese Patchpanels ermöglichen es, die gebäudeseitig verlegten Netzwerkleitungen z. B. mit Switches und anderen Geräten zu verbinden.

Damit die Energieversorgung von bestimmten Geräten, wie z. B. einem Switch oder auch einer Kamera, nicht separat zu verlegen ist, gibt es das sogenannte ‚Power over Ethernet' (PoE). Das PoE hat auf einer definierten Spannung von 48 V DC ein aufmoduliertes Signal zur Informationsübertragung.

Netzwerktechnik wird ebenso für normale Computeranwendungen – wie Arbeiten, Spielen, Fernsehen und Internet – benötigt. Es gibt auch erweiterte Anwendungen, wie das Einsetzen eines eigenen Backupservers. Mit einer umfangreichen Installation an Netzwerkanschlüssen ist es besonders gut möglich, die jeweiligen Geräte verkabelt anzuschließen. Lediglich für mobile Endgeräte wie Smartphone, Tablet und Laptop wird ein Wireless-Netzwerk (WLAN) benötigt.

Neben der Netzwerktechnik wird noch eine Anlage für den Fernsehempfang benötigt. Diese kann als Kabelanschluss vom jeweiligen Kabelanbieter kommen oder von der eigenen Satellitenanlage. Für die Verkabelung in den jeweiligen Zimmern im Haus spielt das keine große Rolle, allerdings ist es bedeutend für die jeweils eingesetzte Technik. Tabelle 27 zeigt die Vor- und Nachteile von Kabel- und Satellitenempfangsanlagen.

Tabelle 27: Vor- und Nachteile von Kabel- und Satellitenempfangsanlagen

	Empfang per Kabel	Empfang per Satellit
Vorteile	- Einfache Umsetzung, Installation - Ansprechpartner bei Störungen	- Eigene Anlage, die komplett selbst konfiguriert werden kann - Keine laufenden Kosten nach der Installation - Nahezu jedes Fernsehgerät hat bereits einen eigenen Satellitenreceiver integriert, damit ist kein Zusatzgerät notwendig
Nachteile	- Anschluss beim Kabelanbieter notwendig (hohe einmalige Anschlusskosten) - Regelmäßige Kosten für die Netznutzung - Häufig spezielle Receiver (Empfangsgerät) notwendig - Updates und Kanalverschiebungen erfordern häufige Neuinstallationen der Geräte	- Aufwendige Installation, da Kenntnisse zum Satellitenempfang notwendig - Verteilung basiert auf den gleichzeitigen Nutzern, bei Erhöhung der Nutzer droht ein Komplettaustausch der Anlage - Relativ hohe Investition für die Empfangsanlage

Da der Empfang der meisten Fernsehkanäle heutzutage über das Internet problemlos möglich ist, sollte man abwägen, inwiefern eine Installation von Kabel- oder Satellitenempfang notwendig ist, denn je nach gewählter Anlage können die Installationskosten erheblich sein.

Nicht zuletzt gibt es noch die Analogtelefonie. Allerdings ist diese Technik in der heutigen Zeit eher veraltet, da oft Kabel- oder Telefonanbieter entsprechende Boxen bereitstellen. Diese Boxen ermöglichen den Zugang zum Internet sowie zum Telefon. Die Telefonanlage kann durch drei verschiedene Möglichkeiten aufgebaut werden:

- nostalgisch über Drahttelefon
- konventionell als Funktelefon-Anlage
- als IP-Telefonie über die Internet-/Netzwerkleitung

Bei einer Funktelefon-Anlage fungiert die vom Kabel- oder Telefonanbieter bereitgestellte Box als Basisstation und stellt damit die Verbindung zum Telefonnetz her. Die IP-Telefonie ist der neu aufkommende Standard, gerade seit Beginn der

COVID-19-Pandemie. Besonders Unternehmen sind wegen des gesetzlich verordneten Homeoffice fast schon zur IP-Telefonie verpflichtet worden, da die Mitarbeiter häufig nur einen Laptop mit Headset benötigen, um Zugang zum Firmennetzwerk zu erhalten. Damit haben sie mit nur wenigen Handgriffen ein komplettes Homeoffice eingerichtet und können ganz normal am Firmengeschehen teilnehmen. Diese zukunftsfähige Technik gewährleistet nicht nur in Zeiten von Pandemien, dass die Geschäfte selbst aus der Ferne weiterlaufen können, sondern auch bei Geschäftsreisen und anderen Anlässen sind die Mitarbeitenden schnell und einfach mit dem Unternehmen verbunden und können ihre Arbeit erledigen. IP-Telefonie in privaten Haushalten ist derzeit noch sehr teuer und bietet wenige Vorteile gegenüber herkömmlichen Telefonanlagen, denn im Gegensatz zu Unternehmen haben private Haushalte in der Regel einen bis fünf Anschlüsse, die fest installiert sind. Allerdings muss noch erwähnt werden, dass ein Festnetztelefon in heutiger Zeit kaum noch genutzt wird. Neben einer Internetleitung besitzt nahezu jeder Mensch ein Mobiltelefon, auf dem er erreichbar ist. Damit sparen sich viele die Kosten für ein Festnetztelefon.

Anlagen zur Raumlufttechnik (RLT-Anlagen)

Neben der Gebäudeautomation und der Vernetzung von Geräten ist heute eine relativ neue Anlage für Wohngebäude in Mode gekommen: die RLT-Anlagen. Vollkommen dichte Häuser mit einer Wärmepumpe und einer Solaranlage auf dem Dach: das sogenannte Niedrigenergiehaus. Mit einer RLT-Anlage wird das Lüften von Zimmern unnötig, da immer frische Luft von der RLT-Anlage in die jeweiligen Zimmer gepumpt wird. Gerade in Verbindung mit der KNX-Technik sind solche Sachen besonders einfach zu realisieren. Neben der immer frischen Luft können einzelne Räume unterschiedlich beheizt und auch unterschiedlich belüftet werden [13, S. 27].

Nicht nur die Heizung und Lüftung, auch die Klimatisierung kann mit RLT-Anlagen in Wohngebäuden besonders einfach realisiert und überwacht werden [13, S. 65]. Neben den eigentlichen Temperatureinstellungen können die Bewohner, falls gewünscht, auch weitere Prozesswerte, wie Mischungsverhältnisse der einzelnen Luftarten, Be- und Entfeuchtung und andere Parameter, auslesen. Eine RLT-Anlage ist in Abbildung 15 dargestellt.

Die Vernetzung einer RLT-Anlage ist besonders in den Niedrigenergiehäusern wichtig, da hier sehr viele Parameter eine Einwirkung haben; nachfolgend einige Beispiele:

- **Präsenzmeldung**: Wenn keine Bewohner vor Ort sind, ist eine niedrigere Belüftung notwendig, somit kann Energie eingespart werden.

- **Lichtintensität und Raumtemperatur**: Wenn es in einem Raum heller wird, kann angenommen werden, dass die Sonne hereinscheint. Dieser Umstand macht es notwendig, dass die Klimaanlage höhergestellt wird und dass eine evtl. vorhandene Beschattungsanlage aktiviert wird.

- **Öffnen von Fenstern und Türen**: Reduzierung von Lüftung, Heizung und Klimatisierung, denn wenn ein Fenster oder eine Tür geöffnet ist, ergibt es keinen Sinn, diesen Raum weiter zu belüften. Das kostet nur Energie und bringt nichts.

Um dies alles umsetzen zu können, sind viele Sensoren und Aktoren notwendig. Mit der entsprechenden Konfiguration, z. B. in der ETS, können Abhängigkeiten und weitere Parameter wie Kennwerte und unterschiedliche Hysterese-Werte definiert und festgelegt werden. Im Rahmen von Helligkeitssteuerungen [13, S. 172 ff] kann eine Hysterese so definiert werden, dass beispielsweise nach einer eingetretenen Lichteinwirkung nicht sofort eine Reaktion der Anlage erfolgt. Eine Reaktion erfolgt erst nach Ablauf der erfassten Werte, damit beispielsweise nicht immer die Rollläden hoch- und runtergefahren werden, sondern eine gewisse Zeit an ihrer Position verbleiben. Das schont nicht nur Material- und Stromkosten, sondern kommt auch den Bewohnern und Nachbarn zugute, weil nicht jedes Mal, wenn die Sonne hinter einer Wolke verschwindet und wieder hervortritt, der Rollladen hoch- und heruntergefahren wird, denn das ständige Auf und Ab bringt auch eine gewisse Geräuschentwicklung mit sich.

Auch die sonstige Verdrahtung und Kommunikation innerhalb der RLT-Anlage und in Verbindung mit der Heizungs-, Klima- und Solaranlage sind wichtige Hilfsmittel zur Reduktion von Kosten und sie tragen zur Erhöhung des Wohlbefindens in den eigenen vier Wänden bei.

ÜBUNGEN ZU TEIL IV

Wenn Sie den vierten Teil sorgfältig durchgearbeitet haben, sollten Sie in der Lage sein, nachfolgende Übungen erfolgreich zu beantworten. Im ‚Teil VI: Lösungen zu den Übungen' ab Seite 111 finden Sie Musterlösungen zu den Aufgaben. Bitte beachten Sie, dass die Aufgaben auf der Grundlage dieses Buches erstellt worden sind. Verwenden Sie jedoch auch das Internet für weitere Recherchen. In den Lösungen werden ggf. Links aufgeführt, die auf weiterführende Literatur verweisen. Viel Erfolg!

Übung 10: Bustechnik

10.1 Erklären Sie mit eigenen Worten und möglichst detailliert, was Bustechnik ist. Recherchieren Sie hierzu auch im Internet.

10.1.1 Erläutern Sie, wie die Nachrichtenübertragung erfolgt.

10.1.2 Skizzieren Sie eine fehlerhafte Übertragung von Informationen.

10.1.3 Welche Auswirkung hat eine fehlerhafte Übertragung von Informationen?

10.2 Binäre Übertragung von Informationen: Wie erfolgt die Codierung? Erläutern Sie möglichst umfangreich und recherchieren Sie dazu im Internet.

10.2.1 Erläutern Sie den Unterschied zwischen Bits und Bytes.

10.2.2 Warum kann die Information ‚6' in einem 4-Bit-Code bzw. in einem 8- oder 16-Bit-Code unterschiedlich sein?

10.3 Sie haben 145 Informationen, die Sie binär übertragen wollen. Wie viele Bits benötigen Sie dazu? Zeigen Sie den Rechenweg auf!

10.3.1 Sind evtl. nicht benötigte (leere) Bits schlecht fürs System? Begründen Sie!

10.3.2 Wahr oder falsch? Die übertragenen Bits sollen immer möglichst ausgeschöpft werden, da sie sonst zu Problemen mit der Last auf dem Bus führen. Begründen Sie!

Übung 11: Bustechnik in Kraftfahrzeugen

11.1 Signalübertragung im Kfz: Erläutern Sie den Unterschied zwischen analog und digital.

11.1.1 Welche Signale können in einem Kfz analog eingelesen werden?

11.1.2 Wie werden diese digitalisiert und auf dem Bus zur Verfügung gestellt?

11.2 Wie gewährleisten Sie die Interoperabilität zwischen Systemen innerhalb eines Netzwerks in einem Lastkraftwagen?

11.2.1 Skizzieren Sie einen möglichen Busaufbau.

11.2.2 Nach welchen Kriterien ordnen Sie unterschiedliche Bussysteme Geräten zu?

11.3 LWL-Technik: Erläutern Sie diese Technik.

11.3.1 Erläutern Sie die Besonderheiten eines LWL.

11.3.2 Warum ist die LWL-Technik besonders anfällig für Störungen? Nennen Sie Beispiele.

Übung 12: Gebäudeautomation

12.1 Erläutern Sie, warum Gebäudeautomation in letzter Zeit eine Hochkonjunktur durchlebt.

12.1.1 Welche Arten von Gebäudeautomation gibt es auf dem Markt? Recherchieren Sie im Internet und erläutern Sie eine Anlage näher (außer KNX).

12.1.2 Sie haben eine KNX-Anlage installiert, möchten allerdings eine neue Funktion installieren. Sie haben keine andere Wahl, als eine Funklösung einzubauen. Erläutern Sie die richtige Vorgehensweise.

12.2 Warum ist das Internet heute allgegenwärtig und wird in nahezu jeglicher Anwendung benötigt? Erläutern Sie umfangreich und recherchieren Sie dazu im Internet.

12.2.1 Richtig oder falsch: POE benötigt niemals externe Energie. Begründen Sie!

12.2.2 Sie interessieren sich für die IP-Telefonie. Welche Hardware benötigen Sie hierzu?

12.3 Wie vernetzen Sie möglichst einfach RLT, Heizung und Klimaanlage von unterschiedlichen Herstellern und unterschiedlichen Protokollen? Begründen Sie Ihre Wahl.

12.3.1 Wie gewährleisten Sie den Erhalt und den Versand von Informationen dieser Anlagen?

12.3.2 Wieso ist die Vernetzung in Niedrigenergiehäusern besonders wichtig?

Teil V: Praxishinweise zur Anwendung als Heimwerker

Wie bereits häufig erwähnt, dürfen Personen, die nicht im elektrotechnischen Bereich ausgebildet sind, auch nicht an elektrotechnischen Anlagen arbeiten. Die Praxis zeigt jedoch, dass viele Heimwerker sich an diese Regelung nicht halten und selbst Hand anlegen. Damit das Heimwerken dennoch Spaß macht und kleinere Aufgaben selbst durchgeführt werden können, werden in diesem Kapitel Tipps und Tricks aufgezeigt, die Heimwerker zu Profis werden lassen. Doch: Achtung! Strom ist gefährlich! Bitte informieren Sie sich ausgiebig bzw. beauftragen Sie im Zweifel lieber einen Profi, der die Arbeit für Sie erledigt.

ARBEITEN AN ELEKTROTECHNISCHEN ANLAGEN

Bei jeglichen aufgeführten Aufgaben sind die **fünf Sicherheitsregeln** in der Elektrotechnik einzuhalten:

1. **Freischalten**: Schalten Sie Stromkreise aus, es reicht nicht aus, den Lichtschalter auszuschalten.
2. **Gegen Wiedereinschalten sichern**: Treffen Sie stets Vorkehrungen, damit freigeschaltete Stromkreise nicht wieder versehentlich eingeschaltet werden, z. B. durch Beschriften oder Blockieren.
3. **Spannungsfreiheit feststellen**: Überprüfen Sie **VOR** der Arbeit, ob die Stromkreise spannungsfrei sind. Das geschieht mit einem zweipoligen Messgerät, z. B. Duspol, oder mit einem Multimeter.
4. **Benachbarte, unter Spannung stehende Teile abdecken oder abschranken.**
5. **Erden und kurzschließen.**

Von diesen fünf Sicherheitsregeln muss auch der Hobbyheimwerker Gebrauch machen. Gerade die ersten drei bis vier Regeln sind unabdingbar. Die fünfte Regel wird sich sehr selten bei Heimwerkern ergeben.

Reparatur von Kleingeräten und deren Anschlussleitungen

Sie sind begeisterter Heimwerker und setzen jeglichen Defekt selbst instand? Das ist super, denn Sie nehmen nicht an der Wegwerfgesellschaft teil, sondern reparieren kleinere Defekte im Handumdrehen. Defekte Handgeräte wie Winkelschleifer, Bohrmaschinen oder Handrührgeräte können sehr schnell zu einer Gefahr werden, wenn:

- Sicherheitsvorkehrungen ausgebaut oder umgangen werden, indem z. B. Schutzbleche entfernt werden oder die Geräte zweckentfremdet werden.
- Das Gehäuse beschädigt oder Wasser in das Gerät gelaufen ist.
- Die Anschlussleitung gebrochen oder der Anschlussstecker defekt ist.

Demnach sollten Sie auch als Heimwerker Ihre Geräte stets überprüfen, damit diese immer sicher ihren Einsatz vollbringen können. Dazu gehört das Instandsetzen von Anschlussleitungen und -steckern sowie die Überprüfung der Gehäuse und sämtlicher Schutzeinrichtungen.

Obwohl Sie Heimwerker sind und an Ihren privaten Geräten selbst Arbeiten durchführen, sind Sie dennoch dafür verantwortlich, dass diese den aktuellen Normen und Gesetzen entsprechen. Demnach sollten Sie sich bei Defekten immer genau informieren, was der Stand der Technik ist. Vor allem sollten Sie nicht das Gerät umbauen, hiermit ist z. B. gemeint, dass wenn ein 2 m langes Kabel am Gerät dran ist, Sie dieses nicht auf 10 m umbauen sollten. Auch Sicherheitsvorkehrungen, wie z. B. Schutzblenden oder Spritzschutz, sollten Sie nicht umbauen oder gar komplett entfernen. Auch andere An- oder Umbauten sind nicht zulässig. Im Zweifel fragen Sie Ihren Elektriker, er wird Sie beraten.

Anschluss von Geräten und Anlagen in Gebäuden

Heutzutage wird alles „steckerfertig" geliefert oder gekauft. Das bedeutet, dass der Kunde den Anschluss – auch von Großgeräten wie Trockner, Waschmaschine usw. – selbst durchführen kann. Sollte einmal keine Steckdose mehr frei sein, wird häufig zur Verteilerleiste oder zu einem Verlängerungskabel gegriffen. Doch: Achtung! Jede Steckdose ist nur auf eine bestimmte Strombelastung ausgelegt. Auch diese Verteilerleisten sind nicht selten viel schwächer als angegeben und bersten bereits bei viel weniger Leistung. Daher empfiehlt es sich immer, einen Fachmann um Rat zu fragen. Dieser wird schauen, was bei Ihnen in der Wohnung und Ihrem Anwendungsfall machbar ist, und Sie entsprechend beraten. Sehen Sie unbedingt davon ab, mehrere Verteilerleisten hintereinander zu schalten oder Großgeräte daran anzuschließen. Das kann nicht nur lebensgefährlich sein, sondern auch das ganze Gebäude in Flammen aufgehen lassen.

Nutzen Sie stets die Steckdosen wie angegeben. Falls keine Angabe vorhanden ist, können Sie den Vermieter um Rat fragen oder einen Elektriker. Die Sicherungen im Sicherungskasten bieten KEINEN Hinweis darauf, wie groß die Last auf einer Steckdose sein darf, denn eine Sicherung ist häufig die Absicherung eines Zimmers und in jedem Zimmer sind in der Regel mehrere Steckdosen vorhanden.

Achten Sie beim Kauf von Verteilerleisten und Verlängerungskabeln immer auf die gängigen Prüfzeichen. Die Faustformel „wer billig kauft, kauft zweimal", trifft hier gut zu. Gerade im Bereich der Elektrotechnik sollten sich die Bewohner immer im Klaren sein, dass die Gefahr „hinter dem Schrank lauert" und häufig unbemerkt bleibt, bis es zu spät ist. Daher: Nutzen Sie stets qualitativ hochwertige Produkte und addieren Sie die Wattzahlen zusammen. Wenn Sie hier noch eine „Sicherheitsgrenze" von maximal 80 % ausschöpfen, sollte dem Anschluss Ihrer Elektrogeräte nichts im Wege stehen.

Veränderung von elektrotechnischen Anlagen in Gebäuden

Grundsätzlich sind Sie als Heimwerker nicht dazu berechtigt, Änderungen am Gebäude jeglicher Art vorzunehmen. Besonders als Mieter sind die Regelungen sehr streng, z. B. in Ihrem Mietvertrag, geregelt. Sollten Sie glücklicher Eigentümer einer Wohnung oder eines Hauses sein, können Sie grundsätzlich damit machen, was Sie wollen – es ist ja Ihr Eigentum. Allerdings gilt auch in diesem Fall, dass ganz genau überlegt werden sollte, was zu tun ist. Häufige Änderungswünsche sind automatische Beleuchtungsanlagen und die Netzwerkverteilung im Haus oder in der Wohnung. Nicht immer muss gleich die Wand aufgerissen werden. In vielen Fällen gibt es auch Nachrüstlösungen, die auf Funktechnologie zurückgreifen. Damit können Sie ganze Wohnungen und Häuser automatisieren, ohne dass Sie Wände, Böden und Decken aufreißen müssen. In der Regel gibt es hierzu ein Gateway, dass an das Internet angeschlossen wird, damit stellen Sie die Verbindung zu Ihrem Smartphone her. Aktoren und Sensoren haben in der Regel Batterien verbaut, die offene Türen und Fenster detektieren oder Lichter ein- und ausschalten. Mit Zwischensteckern oder speziellen Geräten können Sie mit wenigen Handgriffen Ihr Eigenheim automatisieren. Allerdings lassen sich nicht nur die Anwendungen automatisieren. Es kann noch vieles mehr realisiert werden:

- Sie können Ihre Anwesenheit simulieren, indem Lichter geschaltet werden, Rollläden betätigt werden, aber auch Fernseher automatisch angehen.

- Sie können Ihr Eigenheim aus der Ferne überwachen und steuern, z. B. die Heizung oder Klimatisierung einschalten, sodass es bei Ihrer Ankunft wohltemperiert ist.

- Sie können Warnungen erhalten, z. B. wenn Wasser ausläuft, Rauch entsteht oder ungebetene Gäste in Ihrem Eigenheim sind.

Die Nachrüstlösungen sind mit den fest eingebauten Geräten vergleichbar und können in vielerlei Hinsicht sehr unterstützend sein. Informieren Sie sich im Internet oder bei einem Elektriker Ihres Vertrauens!

Anschluss von Geräten im Kraftfahrzeug

Das Kfz hat „nur“ 12 V und ist somit ungefährlich – falsch gedacht! Schnell eine Hi-Fi-Anlage selbst eingebaut, LED-Lichter selbst eingesteckt, Bordsteckdosen selbst nachgerüstet. Das sind alles Tätigkeiten, die zunächst auf eine kleine Spannung zurückführen und somit in erster Linie ungefährlich scheinen. Allerdings ist auch hier Vorsicht geboten! Kurzschlüsse können verheerende Folgen haben: Von Verbrennungen bis hin zu explodierenden Starterbatterien ist alles dabei. Daher gilt auch hier: Beachten Sie immer den Stromwert der eingebauten Geräte. Ein Auto kann nicht „unendlich“ viel Strom liefern. Die Starterbatterie und der Generator, auch Lichtmaschine genannt, sind aufeinander abgestimmt. Wenn zu viel Strom entnommen wird, kann der Generator nicht ausreichend Strom liefern, die Folgen sind dann Defekte an Lichtmaschinen und Starterbatterien. Daher ist es auch hier empfehlenswert, den Rat von Experten einzuholen, damit Sie sicher am Straßenverkehr teilnehmen können.

Viele Umbauten sind auch zulassungsrelevant. Das bedeutet, dass Sie mit Ihrem Umbau zur Hauptuntersuchung (umgangssprachlich auch „TÜV“ genannt) müssen. Der Prüfer schaut sich den Umbau an und trägt diesen ggf. in Ihren

Fahrzeugschein ein oder hat noch Einwände, sodass Sie den Einbau an der einen oder anderen Stelle ausbessern müssen.

EXPERIMENTE AN ELEKTROTECHNISCHEN ANLAGEN

Experimente mit der Elektrotechnik enden nicht selten tödlich. Dies geschieht häufig, wenn sich die Menschen nicht ausreichend über die Technik und die Konsequenzen informieren und nicht die notwendigen Sicherheitsvorkehrungen treffen. Jeder hat sie schon gesehen: die Tricks der „Elektromagier", wie sie scheinbar, ohne umzufallen, die stärksten Blitze berühren oder die unter Spannung stehenden Teile mühelos anfassen. Doch das ist in den wenigsten Fällen Magie, vielmehr unterliegen diese Tricks einfachen Grundsätzen wie:

- Hohe Spannung und extrem niedriger (kaum messbarer) Strom.

- In Handschuhen und Jacken versteckte Ableitsysteme, die den „Magier" in Form eines Faradayschen Käfigs schützen.

Wenn die Technik hinter den Tricks bekannt ist, dann haben sie wenig mit Magie, sondern vielmehr mit Elektrotechnik und Physik zu tun.

Grundsätze der Elektrotechnik

Da die Elektrotechnik allgegenwärtig ist, denken viele Menschen, dass kurze Handgriffe keine Probleme darstellen, denn mit wenigen Handgriffen ist ein Kabel repariert oder ein defekter Stecker ausgetauscht. Auch Schalter und Steckdosen in der Wand sind häufig schnell ausgewechselt. Häufig geht dann noch der Irrtum umher: „Das kann ja nicht so gefährlich sein, ich kann es ja im Baumarkt kaufen." Doch weit gefehlt. Wie bei Medikamenten gilt auch hier: Nur weil es frei verkäuflich ist (ohne Rezept), ist es nicht weniger schädlich oder gefährlich.

Grundsätzlich darf nur geprüftes Fachpersonal Arbeiten an elektrischen Anlagen und Maschinen durchführen. Fachkundige Hobbyhandwerker, die sich ihr Wissen angelesen oder durch andere Methoden angeeignet haben, sind jedoch keine Fachkräfte. Es kann allerdings nicht immer verhindert werden, dass Hobbyhandwerker gewisse Arbeiten selbst durchführen.

Wichtig bei der Arbeit an elektrotechnischen Anlagen und Geräten ist immer, dass die betroffene Person stets weiß, was sie tut, denn nur dann können Unfälle vermieden werden. Praktisches Können ersetzt keineswegs theoretisches Wissen! Für den Hobbyhandwerker ist es bereits sehr hilfreich, wenn Fachzeitschriften mit Anschlussmaterial durchgelesen und so die einzelnen Grundsätze verstanden werden. Immer stets einzuhalten sind die fünf Sicherheitsregeln sowie das Anwenden von gutem und zugelassenem Werkzeug. Die beste Theorie nützt nichts, wenn kein gutes Werkzeug vorhanden ist, um das Wissen in die Praxis umzusetzen. Gerade in der Gebäudetechnik wird immer an 230 V AC gearbeitet. Damit ist es schon fast zwingend notwendig, dass geprüftes und isoliertes Elektrikerwerkzeug zur Standardausrüstung des Hobbyhandwerkers gehört. Holzschraubendreher und Beißzange können zwar weiterverwendet werden, aber bitte nur bei groben oder mechanischen Arbeiten. Gutes und isoliertes Werkzeug gibt nicht nur Schutz für den Hobbyhandwerker. Es bietet auch eine zumindest geringe Sicherheit, wenn Fehler auftreten sollten.

Neben dem Handwerkzeug sind auch diverse Messgeräte notwendig, um gewisse Fehler ausmessen und eine der fünf Sicherheitsregeln anwenden zu können. Es ist ein zumindest zweipoliger Spannungsprüfer anzuwenden. Ein sogenannter Duspol bietet neben der eigentlichen Spannungsmessung noch weitere Möglichkeiten. Je nach Ausstattung ist es möglich,

- auch mit nur einer Spitze Spannungen festzustellen,
- Durchgangsprüfungen zu machen,
- Belastungsmessungen zu machen und
- Auslösung von Fehlerstromschutzschaltern zu testen.

Aus diesem Grund sollte ein Duspol nicht im Werkzeugkasten eines Hobbyhandwerkers fehlen. In Anbetracht der für uns Menschen nicht spürbaren Gefahr ist das gut investiertes Geld.

Sicherheit geht vor!

In Sachen Sicherheit ist es überlebensnotwendig, zumindest ein Minimum an Sicherheitsvorkehrungen zu treffen. Neben gutem und geprüftem Werkzeug werden weitere Mittel benötigt. Diese Mittel sind beispielsweise:

- Schutzausrüstung: Schwer entflammbare Jacke und Hose sowie Handschuhe und Helm mit Visier sowie Sicherheitsschuhe, die am besten gegen elektrostatische Aufladung wirken.

- Leiter: geprüft und einwandfrei zur Benutzung.

- Elektrisches Handwerkzeug: geprüft und mit sämtlichen Schutzausrüstungen.

Damit wird gewährleistet, dass selbst der Hobbyhandwerker mit der größtmöglichen Sicherheit an die Arbeit geht. Auch wenn es mit den Schutz- und Sicherheitseinrichtungen bei Handwerkzeugen häufig umständlich ist, sind sie besonders wichtig. Diese Einrichtungen sind notwendig, um das Eingreifen in drehende Teile zu vermeiden oder den Funkenflug oder die entstandenen Späne vom Anwender wegzuführen, damit sie nicht direkt auf die Kleidung einwirken und ggf. einen Kleidungsbrand auslösen. Empfehlenswert sind auch weitere Vorkehrungen, wie z. B. ein Feuerlöscher in Griffnähe oder auch doppeltes Überprüfen durchgeführter Arbeiten.

Information geht vor Experiment!

„Experimentieren geht über Studieren“, so eine bekannte Redensart. Dieses Sprichwort sollte jedoch nicht zur Gewohnheit werden, denn Experimente sollten sich auf Tätigkeiten in abgeschotteten Laboren beschränken. Im Labor herrschen andere Bedingungen als z. B. in einem Wohnhaus. Das Labor kann auch speziell abgesichert sein, sodass einzelne Fehler nicht zu schwerwiegenden, gesundheitlichen Folgen führen.

Ein Labor hört sich zunächst nach einem aufwendig gestalteten Arbeitsplatz an, der viel Geld kostet. Allerdings ist das ein großer Irrtum, denn Laborbedingungen können auch Hobbyhandwerker in ihrem Hobbykeller errichten, indem sie eine Werkbank für elektrische Tätigkeiten einrichten. Diese Werkbank wird z. B. für Reparaturen und für andere elektrotechnische Arbeiten genutzt. Eine speziell für diesen Zweck angeschaffte Prüfwand bietet dem Heimwerker alle erforderlichen Geräte, um elektrotechnische Arbeiten durchzuführen. Je nach Ausstattungsvariante der Prüfwände ist in diesen enthalten:

- Trenntransformator,

- diverse Messgeräte,
- einstellbares Schaltnetzteil,
- diverse Einrichtungen für Schutz und Anzeigen.

Mit entsprechenden Einrichtungen an der Werkbank, wie z. B. Kabelkanälen, Schaltern und Steckdosen, lässt sich mit besonders einfachen Mitteln ein Labor einrichten. Damit hat der Hobbyheimwerker einen festen Platz, an dem er experimentieren und auch Experimente liegen lassen kann, ohne dass diese zur Gefahr werden.

Anwendung von Trenntransformatoren und Netzteilen

Wenn z. B. in einem Labor mit einem Trenntransformator gearbeitet wird, ist stets darauf zu achten, dass der komplette Standort isoliert ist. Andernfalls ist der Trenntransformator nutzlos. Gemäß Tabelle 21 werden Drehstromnetze nach dem Erdungsverhalten des Stromerzeugers und dem Erdungsverhalten des Strom-abnehmers definiert. Stromhersteller und Stromlieferant haben oft ein TN-C-System. Das bedeutet, dass der Sternpunkt fest geerdet ist. Damit fungiert die Erde als eine Art Rückleiter. Im Fehlerfall fließt der Strom durch das Fehlerobjekt und über die Erde zurück. Um dies zu verhindern, wird ein Trenntransformator eingesetzt. Beim Einsatz eines Trenntransformators wird ein IT-Netz aufgebaut, das vom Stromerzeuger isoliert ist. Damit ist gewährleistet, dass bei einem einfachen Fehler kein lebensbedrohlicher Stromschlag entsteht. Gerade bei Experimenten im Umfeld von Laboren gehört dies zur Pflichtausrüstung. Es sollte nicht unerwähnt bleiben, dass immer nur ein einfacher Fehler abgesichert ist. Konkret bedeutet dies, dass wenn beispielsweise eine Phase angefasst wird, kein Stromschlag erfolgt. Sobald allerdings zwei Phasen oder eine Phase und der Neutralleiter angefasst werden, dies zum Stromschlag führt, da der Trenntransformator nicht unterscheiden kann, ob sich an dessen Anschlüssen eine Maschine oder ein Mensch befindet.

Ein letztes Wort noch:

Bitte halten Sie sich immer an die fünf Sicherheitsregeln und lassen Sie stets einen Profi ans Werk, sobald Sie selbst auch nur den geringsten Zweifel haben. Dieses Buch soll Sie nicht dazu animieren, selbst Hand anzulegen. Es soll vielmehr Wissen aufzeigen und vertiefen.

Teil VI: Lösungen zu den Übungen

Im nachfolgenden Kapitel werden Musterlösungen zu den einzelnen Übungen aufgezeigt. Die Musterlösungen sollen beispielhaft aufzeigen, in welche Richtung die einzelnen Antworten gehen sollen. Je nach durchgeführter Recherche im Internet können auch andere Lösungswege und Lösungen möglich sein.

BEISPIELLÖSUNGEN ZU TEIL I

Wenn Sie **Teil I: Grundlagen** erfolgreich durchgearbeitet und die Übungen zu diesem Teil gelöst haben, können Sie die nachfolgenden Musterlösungen mit Ihren Lösungen vergleichen. Bitte beachten Sie den Hinweis, dass es sich hierbei um Musterlösungen handelt.

Musterlösung zu Übung 1

1.1 Einheiten sind dazu da, um gewisse Größen in verschiedenen Formen darzustellen. Dabei können ganz große oder ganz kleine Werte vorkommen. Damit diese Werte nicht mit vielen Nullen ausgeschrieben werden müssen, werden Vorsätze definiert. Die Vorsätze sind in Tabelle 2 auf Seite 6 veranschaulicht.

1.1.1 Wenn Sie mathematische Rechnungen durchführen müssen, können Sie nicht mit unterschiedlichen Vorsätzen arbeiten. Sie brauchen, um korrekt rechnen zu können, den gleichen Vorsatz. Welchen Vorsatz aus Tabelle 2 Sie dabei wählen, ist vollkommen gleich. Wichtig ist nur, dass alle Werte in der Formel mit dem gleichen Vorsatz berechnet werden.

1.1.2 Nein, eine einfache Zahl ist nicht ausreichend, da gerade bei Berechnungen mit physikalischen Größen viele Faktoren zusammentreffen. Aus diesem Grund werden Einheiten benötigt.

1.2 Elektrische Energie wird mithilfe von Generatoren unterschiedlicher Baugröße hergestellt. Diese können von einem kleinen Fahrraddynamo bis hin zu einem großen, tonnenschweren Generator in einem Kraftwerk reichen. Der Versatz von 120° entsteht dadurch, dass jeder Generator (egal, ob klein oder groß) drei symmetrisch angeordnete Spulen besitzt. Da ein Kreis 360° und ein Generator drei Spulen hat, ergibt sich ein Phasenversatz von 120° je Phase.

1.2.1 Die ‚grüne Energie' ist in heutiger Zeit besonders in „Mode" gekommen, da die Kraftwerke mit fossilen Energieträgern massiver Kritik ausgesetzt sind. Die ‚grüne Energie' ist aber vor allem im Vormarsch, weil die Kernkraftwerke nach der Katastrophe in Fukushima Daiichi nahezu alle abgeschaltet werden sollen.

1.2.2 Energie wird prinzipiell auf die in Tabelle 6 zusammengefassten Arten hergestellt. Das Prinzip ist dabei immer ähnlich: Mit einem Brennstoff wird ein Generator angetrieben, der die elektrische Energie erzeugt. Eine Ausnahme ist die Erzeugung mit Sonnenkollektoren. Hierbei wird das Sonnenlicht mittels Kollektoren in elektrische Energie umgewandelt.

1.3 Nein, an Hochspannungsanlagen dürfen Hobbybastler nicht arbeiten. Wer, wann und unter welchen Voraussetzungen arbeiten darf, steht in der deutschen gesetzlichen Unfallversicherung (DGUV) 203-001 bzw. in der alten berufsgenossenschaftlichen Information (BGI) 519.

1.3.1 Als Erstes sollten Sie sich gut darüber informieren, was Sie machen, denn Unwissen ist eine häufige Ursache von Fehlern. Für unabsichtliche Fehler können Sie einen Fehlerstromschutzschalter von z. B. 0,01 mA verwenden. Aber auch die komplette Isolierung Ihres Arbeitsplatzes gegenüber der Umwelt und die Installation eines Trenntransformators sind denkbar.

1.3.2 Da Sie ein Hobbybastler sind, dürfen Sie an der elektrotechnischen Installation Ihres Gartens allein nichts ändern. Sie sind verpflichtet, einen zugelassenen Elektriker zu beauftragen, der die gewünschten Umbaumaßnahmen durchführt und in Betrieb nimmt.

Musterlösung zu Übung 2

2.1 Die Elektrotechnik ist deshalb so gefährlich, weil wir Menschen keinen Sinn besitzen, die Gefahr zu spüren. Wenn wir den Strom spüren, ist es oft bereits zu spät. Strom ist in Zusammenhang mit der Einwirkzeit gefährlich. Siehe hierzu Tabelle 8.

2.1.1 Von einer Schrittspannung wird gesprochen, wenn sich ein Spannungstrichter z. B. infolge eines Blitzeinschlags bildet oder aber eine Hochspannungsleitung auf dem Boden liegt. Im Erdreich bildet sich eine trichterförmige Spannungskurve bei der zwei Punkte im Inneren des Spannungstrichters, z. B. durch zwei menschliche Füße, überbrückt werden. Dabei können mehrere tausend Volt über die Beine überbrückt werden und so zu einem schweren elektrischen Schlag führen. Daher ist es ratsam, beide Beine eng zusammenzudrücken und sich in hoppelnden Bewegungen aus dem Gefahrenbereich zu begeben.

2.1.2 Falsch! Gemäß Tabelle 8 ist auch der Strom ausschlaggebend.

2.2 Laptop: Schutzklasse 2 und 3. 2 ist das Netzteil und 3 der Laptop selbst, da er mit einer Schutzkleinspannung von 19,8 V arbeitet; Waschmaschine: Schutzklasse 1, da sie mit einem Schutzleiter verbunden ist und in der Gebäudeinstallation ein Fehlerstromschutzschalter eingebaut ist.

2.2.1 Es werden die drei Schutzarten gemäß Tabelle 9 angewendet. Ziel ist es, dem Verbraucher sowie dem Handwerker aufzuzeigen, wie die Beschaffenheit des Gerätes ist.

2.2.2 Der Schutzleiter ist häufig am Netzteil mit angeschlossen. Da der Schutzleiter niemals eine Spannung führt, ist dies auch nicht weiter tragisch.

2.3 Bei der Verlängerung von Kabeln gilt immer, die Belastung des Kabels einzukalkulieren. Das bedeutet, dass die Länge des Kabels auf die Leistung des angeschlossenen Verbrauchers abzustimmen ist, andernfalls wird das Kabel warm oder geht in Flammen auf.

Musterlösung zu Übung 3

3.1 Elektrische Schaltungen zeigen die Realisierung eines Gerätes oder einer Anlage. Benötigt werden die Schaltungen zur Dokumentation des Gerätes oder der Anlage. Im ersten Schritt zur Entwicklung, dann zur Produktion und zum Schluss für Wartung und Reparatur.

3.1.1 Schaltpläne basieren auf der Grundlage grafischer Darstellungen. Das bedeutet, dass Stromlaufpläne nicht mit Wörtern beschrieben sind, sondern die Geräte, Verbindungen und Kabel mit genormten Symbolen und Kennzeichnungen grafisch dargestellt sind. Vereinzelte Wörter können, z. B. im Rahmen von Funktionskennzeichnungen, zum vereinfachten Verständnis beitragen.

3.1.2 Das Hauptziel ist die Dokumentation, damit das Gerät oder die Anlage nach der Produktion gewartet und instandgesetzt werden kann.

3.2 Eine Stern-Dreieck-Umschaltung dient dazu, den Anlaufstrom eines Motors zu reduzieren. Dies ist bei großen Motoren in bestimmten Anwendungen erforderlich [14].

3.2.1 Bei großen Maschinen, die Motoren mit extremer Leistung verbaut haben, ist es notwendig, den Anlaufstrom zu reduzieren. Das bedeutet, diese erst hochzufahren, damit sie buchstäblich „in Schwung" kommen. Erst danach wird die volle Leistung dazugeschaltet. Gewisse Anwendungen erfordern die sogenannte Wendeschützschaltung.

Diese Wendeschützschaltung lässt den Motor einmal links- und einmal rechtsherum drehen. In Kombination mit der Stern-Dreieck-Umschaltung können Motoren in unterschiedlichen Richtungen mit unterschiedlichen Leistungen betrieben werden. Die zugehörige Schaltung kann unter der Nummer [15] im Kapitel ‚Quellen und weiterführende Literatur' eingesehen werden.

3.2.2 Zur variablen Steuerung von Motoren können sogenannte Frequenzumrichter eingesetzt werden. Mit diesen Frequenzumrichtern können Motoren mit nahezu beliebigen Geschwindigkeiten betrieben werden. Je nach Anwendung können kleine Frequenzumrichter mit einem einphasigen Eingang und einem dreiphasigen Ausgang bis zu großen leistungsfähigen Geräten betrieben werden.

3.3 Wechselschaltungen sind häufig mit zwei korrespondierenden Leitungen versehen. Diese korrespondierenden Leitungen werden zum beliebigen Schalten der beiden Schalter benötigt, siehe auch Abbildung 8.

Damit Steckdosen unterhalb von Schaltern eingesetzt werden können, ist es notwendig, dass alle erforderlichen Leitungen zur Verfügung stehen. Dazu gehören L, N und PE. Damit Leitungen weitestgehend eingespart werden können, kann die Wechselschaltung so umgebaut werden, dass nur ein korrespondierender Draht benötigt wird. Das spart Verdrahtungsaufwand und Kosten für Leitungen. Unter der Nummer [16] kann die entsprechende Verdrahtung im Kapitel ‚Quellen und weiterführende Literatur' eingesehen werden

BEISPIELLÖSUNG ZU TEIL II

Wenn Sie **Teil II: Elektrotechnik in Kraftfahrzeugen** erfolgreich durchgearbeitet und die Übungen zum zweiten Teil gelöst haben, können Sie die nachfolgenden Musterlösungen mit Ihren Lösungen vergleichen. Bitte beachten Sie den Hinweis, dass es sich hierbei um Musterlösungen handelt.

Musterlösung zu Übung 4

4.1 Die Elektrik in Kfz ist hauptsächlich als Eindrahtsystem ausgeführt. Das bedeutet, dass häufig nur die Plusleitung über Schalter und Sicherungen geführt wird und das Minus über die Karosserie zurück zur Batterie fließt. Die einzelnen Geräte werden unterdessen mit kurzen Minusleitungen zum nächstmöglichen Massepunkt mit der Karosserie verbunden.

4.1.1 Pkw: 12 V, Lkw: 24 V, Motorrad: 12 V, Hybridsysteme bis zu 110 V

4.1.2 Vorteile: Weniger Gewicht, weniger Verkabelungsaufwand, kleinere Kabelstränge usw.

Nachteile: Viele Massepunkte, häufig schlechter Zugang zu Massepunkten usw.

4.1.3 Blocksicherungen, Glassicherungen, Glassicherungen mit Sand, Torpedosicherung, Schraubsicherung, Streifensicherung usw.

4.2 Schaltpläne werden häufig in der Kfz-Branche als zusammenhängende Gesamtschaltpläne aufgebaut. Das heißt, dass ausgehend von einer Zentralsteuerung die Verdrahtung mit Sensorik und Aktorik dargestellt wird.

Grundlegende Elemente sind Schaltzeichen, erweiterte Informationen (z. B. mittels Funktionstexten), Kabelfarben und Leitungsquerschnitte. Klemmennummern gehören auch noch zu den grundlegenden Elementen eines Kfz-Schaltplanes.

4.2.1 Folgende Normen kommen zur Anwendung:

- Schaltzeichen nach DIN EN 60617

- Klemmenbezeichnungen nach DIN 72552

- Betriebsmittelkennzeichnung nach DIN 40719-2

- Leitungsfarben nach IEC 60757 oder DIN 47002

4.2.2 Siehe im Kapitel ‚Quellen und weiterführende Literatur' unter der Nummer [17].

4.2.3

E: Strahl- oder Wärmeenergie	Beispiel: elektrische Heizung
P: Darstellung von Informationen	Beispiel: Display
F: Schutz- und Sicherheitseinrichtung	Beispiel: Sicherung (LSS)
T: Umwandlung von Energie	Beispiel: Antenne, Transformator
W: Leiten von Energie	Beispiel: Kabel, Leitungen

4.3 Klemmennummern sind Funktionsbezeichnungen in einem Kfz, z. B. Dauerplus (30), Dauerminus oder Masse (31). Pinnummern sind hingegen Anschlussbezeichnungen an Geräten, die den Anschluss einer Leitung eindeutig kennzeichnen.

4.3.1 Klemmennummern haben den Ursprung erster elektrischer Anlagen in Kfz. Sie wurden eingeführt, um den Monteuren die Arbeit zu erleichtern. Daher werden die Klemmennummern heute noch in Bordnetzsystemen, Scheibenwischanlagen, Zündanlagen usw. eingesetzt.

4.4 Damit in einem Kfz eine freie Sicht nach vorn gewährleistet ist, ist es vorgeschrieben, dass die Windschutzscheibe gesäubert werden kann. Dies geschieht durch einen Scheibenwischer.

Das Batterienetz eines Kfz versorgt alle Geräte, die in ihm verbaut sind, mit Energie. Die Batterieladung erfolgt durch einen Generator; früher auch ‚Lichtmaschine' genannt.

4.4.1 Siehe im Kapitel ‚Quellen und weiterführende Literatur' unter der Nummer [18].

4.4.2 Siehe im Kapitel ‚Quellen und weiterführende Literatur' unter der Nummer [19]

4.5 Tabellarische Zusammenstellung „alt vs. neu“

Alte Kfz-Ausrüstung	Neue Kfz-Ausrüstung
- Batterieladung über Kontrollleuchte - Relaisschaltung für Scheibenwischer - Einfache Ausrüstung, hauptsächlich Beleuchtung - Kaum Motorelektronik	- Intelligentes Batterie- und Bordnetzmanagement - Bussteuerung ‚LIN‘ des Scheibenwischers - Viele Assistenz- und Unterhaltungssysteme - Aufwendige Elektronik für Umweltschutz

Musterlösung zu Übung 5

5.1 Digitale Sensoren liefern einen logischen Wert, z. B. ‚0‘ oder ‚1‘, wobei analoge Sensoren häufig Strom- oder Spannungswerte liefern, die in einer Elektronik erst umgewandelt werden müssen, um sie gebrauchen zu können.

5.1.1 Häufig wird von einer Kennfeldsteuerung gesprochen. Diese Kennfelder sind vorprogrammierte Parameter, die auf Grundlage von Sensorwerten die Steuerung entsprechender Maßnahmen über die Aktoren einleiten kann. Die Kennfelder sind wie eine Art Aktenschrank mit Informationen, auf die im Bedarfsfall zurückgegriffen werden und entsprechend agiert werden kann.

5.1.2 Diese Annahme ist falsch.

Begründung: Es ist davon auszugehen, dass Sensorwerte aufgrund von Defekten an der Verbindungsleitung, den Steckverbindern oder dem Sensor selbst falsch übermittelt werden. Auch ein Defekt an der Messstelle ist nichts Außergewöhnliches. Aus diesem Grund werden Rückfallebenen oder Ersatzwerte definiert, auf die im Fehlerfall zurückgegriffen werden kann. Ein sogenannter Notlauf gewährleistet, dass das Fahrzeug noch aus einem evtl. Gefahrenbereich entfernt werden kann.

5.2 Im Beispiel eines Tunnels dienen Sensoren wie CO_2-Sensoren, Temperatursensoren sowie Sensoren für die Sichtverhältnisse als Grundlage für die Entrauchung und die Frischluftzufuhr. Diese Sensordaten werden durch eine Steuerung ausgewertet und entsprechend wird die Aktorik aktiviert, um die vorgesehenen Werte einzuhalten. Aktoren können z. B. die Absaugung von Abgas und die Frischluftzufuhr sein.

5.2.1 Die Sensorik ist eine Mischung aus CO_2-Sensorik, Temperatur- und Sichtsensoren. Auch Wärmemelder gehören zu einer modernen Tunnelausstattung dazu.

5.2.2 Die Bordelektronik wertet über einen Lichtintensitätssensor die Außenlichtstärke aus. Wenn ein bestimmter Wert unterschritten wird, wird das Abblendlicht eingeschaltet.

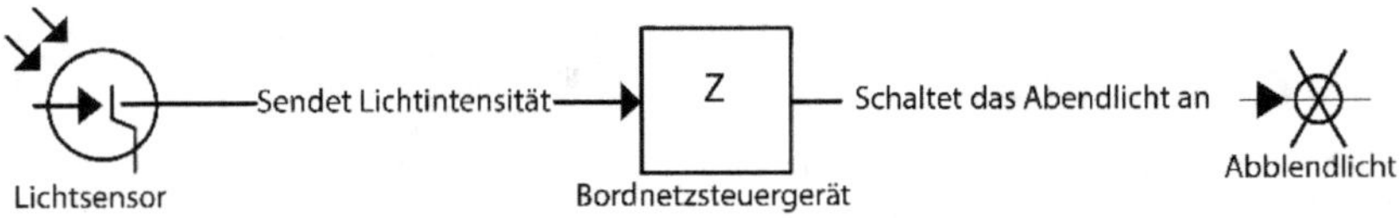

Abbildung 18: Prinzip-Schaltung automatisches Abblendlicht

5.3 „Es kommt darauf an", denn wenn der Tunnel für den kompletten Verkehr gesperrt wird, dann kann die Lüftung ausbleiben. Wenn jedoch der Verkehr weiterhin läuft, dann muss die Lüftungsanlage zumindest auf Handbetrieb weiterlaufen.

5.3.1 Mehrere Sensoren verbauen, damit eine Redundanz entsteht, Erfassung des Verschmutzungsgrads, regelmäßige Wartungs- und Erneuerungsarbeiten.

5.3.2 Sperrung des Tunnels oder Umschaltung auf Handbetrieb bis das Problem behoben wurde. Die Sicherheit geht in Tunneln vor, denn gerade bei langen Tunneln kann es sein, dass in der Tunnelmitte die Sichtverhältnisse ohne diese Anlagen sehr schnell gegen null gehen und dadurch Unfälle entstehen.

Musterlösung zu Übung 6

6.1 Aktoren werden benötigt, um Handlungen einer Steuerung auf Grundlage von Sensorwerten durchzuführen.

6.1.1 Aktoren werden angewendet als:

- Stellglieder
- Beleuchtung
- Antrieb
- Leuchtmelder
- usw.

6.1.2 Die Überwachung von Aktoren kann auf unterschiedlichste Art und Weise erfolgen:

-direkt über Rückmeldungen, z. B. Drehzahlen oder Rückmeldekontakte

-indirekt über die Strombelastung am Ausgang oder Veränderung anderer Sensorwerte

6.2 Wenn die entsprechenden Sensoren erhöhte Werte messen, reagiert die Steuerung, indem sie entweder die Aktorik weiter zuschaltet oder bei großen Überschreitungen Warnmeldungen an die Bedienmannschaft herausgibt.

6.2.1 Aktoren wie Geschwindigkeitsanzeigen für die Autofahrer, Lüftungs- und Absaugmotoren, Anzeigen in der Steuerzentrale, Schranken zur Sperrung des Tunnels usw.

6.2.2 Das Beispiel in Abbildung 14 kann hier ebenfalls herangezogen werden, nur dass es andere Sensoren und Aktoren gibt.

6.2.3 Die auf Seite 28 beschriebenen Software-Abläufe ähneln sehr stark, nur dass es mehr Sensoren zum Auswerten und mehr Aktoren zum Ansteuern gibt. Ebenfalls gibt es mehrere Abhängigkeiten und Möglichkeiten zur Plausibilisierung, die sich aus den Sensoren und Aktoren ergeben.

6.3 Ja, das ist in der Tat so. Wenn z. B. die Kraftstoffpumpe eines Autos defekt ist, kann kein Kraftstoff gefördert werden, weshalb das Auto auch stehen bleibt. Redundanzen, also die doppelte Ausführung von Aktoren, ist zwar möglich, allerdings sehr aufwendig und somit kostenintensiv, weshalb dieser Aufwand nur bei wenigen sicherheitskritischen Anwendungen betrieben wird.

6.3.1 Durch die Erfassung anhand von Sensorwerten oder bei Aktoren, z. B. durch die Erfassung des benötigten Stroms. Erfahrungswerte sind jedoch auch denkbar, wenn die Anlagen immer gleich betrieben werden.

6.3.2 Wartungen, Inspektionen, Austausch

6.4 Steuerungen sind begrenzt in der Ansteuerung großer Lasten. Das ergibt sich, weil Steuerungen möglichst klein und günstig hergestellt werden sollen. Daher sind sie für große Ströme nicht ausgelegt. Für die Ansteuerung großer Ströme werden externe Schaltmittel benötigt. Diese Schaltmittel können Relais, Schütze oder auch Stromstoßschalter sein.

6.4.1 Die Schaltung könnte so aussehen:

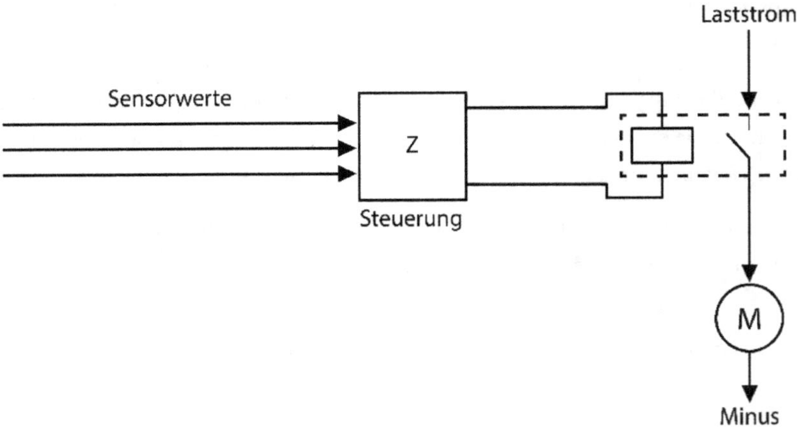

Abbildung 19: Ansteuerung eines Relais durch eine Steuerung

6.4.2 Wenn in einem Kfz ein Lüftermotor anzutreiben ist (ein/aus), dann kann dieser über ein Relais, das die Steuerung direkt ansteuert, ein- und ausgeschaltet werden.

BEISPIELLÖSUNGEN ZU TEIL III

Wenn Sie **Teil III: Elektrotechnik in Gebäuden** erfolgreich durchgearbeitet und die Übungen zum dritten Teil gelöst haben, können Sie die nachfolgenden Musterlösungen mit Ihren Lösungen vergleichen. Bitte beachten Sie den Hinweis, dass es sich hierbei um Musterlösungen handelt.

Musterlösung zu Übung 7

7.1 Strahlen, Ring- und Maschennetz.

7.1.1 Tabellarische Übersicht:

	Strahlennetz	Ringnetz	Maschennetz
Vorteile	- Einfacher Aufbau - Kostengünstig - Einfach Teilnehmer zuschaltbar	- Störsicherer Aufbau - Wenige Teilnehmer im Störfall ohne Stromversorgung	- Besonders störsicher - Einfach bei Wartungen - Schnelle Abschaltung - Schnelle Wiederinbetriebnahme
Nachteile	- Fehleranfällig	- Teuer im Aufbau - Neue Teilnehmer zuschaltbar nur durch Unterbruch anderer	- Teuer im Aufbau - Teuer im Betrieb - Genaue Dokumentation

7.1.2 Lokale Netze: häufig >10 kV, Verteilungen in Häusern: 400 V AC üblich

7.2 Nach der Erdung des Stromproduzenten und des Abnehmers sowie in der Verlegung des N- und PE-Leiters.

7.2.1 Die Kennzeichnung erfolgt nach einem internationalen System, wie in Tabelle 21 gezeigt.

7.2.2 Siehe Tabelle 21.

7.3 Vom HAK ausgehend wird bis zum Stromzähler verdrahtet. Nach dem Stromzähler geht die Verdrahtung in die einzelnen Unterverteilungen weiter. Von dort aus werden einzelne Zimmer oder Anwendungen verdrahtet und betrieben.

7.3.1 Aufbau der Geräte nach Tabelle 9, Isolierung gegenüber der Erde und Installation eines Trenntransformators, Installation von Fehlerstromschutzschaltern.

7.3.2 Nahezu alles in der heutigen Einrichtung von Wohnungen hat elektrische Anschlüsse. Daher ist es besonders wichtig, den Schutz gerade im Hinblick auf Kinder und Tiere zu gewährleisten. Dieser Schutz wird in 7.3.1 beschrieben.

Musterlösung zu Übung 8

8.1 Damit eine bedarfsgerechte Installation der elektrischen Ausrüstung erfolgen kann.

8.1.1 Der Architekt, gemeinsam mit dem Kunden.

8.1.2 Die Umsetzung erfolgt durch eine Feinplanung des umzusetzenden Betriebes, indem zuerst Schlitze für die Rohre gefräst werden, die Rohre darin eingearbeitet werden, Leitungen verlegt und später die Betriebsmittel montiert werden. Vor der Übergabe an den Kunden erfolgen diverse Messungen und Tests zur Inbetriebnahme.

8.2 Unterschiede in der Art des Raumes können z. B. Installations- oder Wohnraum, aber auch Büro oder Serverraum sein. Jede Nutzungsart hat ihre spezifischen Merkmale und erfordert entsprechende Ausrüstung.

8.2.1 Siehe 8.2. Weitere Beispiele ergeben sich aus dem Zweck des Gebäudes. Es können auch Lackierkabinen oder ein OP-Saal als Beispiel herangezogen werden. Jeglicher Raum hat seine ganz spezifischen Anforderungen, die es zu erfüllen gilt.

8.2.2 Dies kommt sehr stark auf die Nutzung des Raumes an. Im Wohnbereich ist es häufig unkritisch, z. B. zwischen Kinderzimmer und Eltern-Schlafzimmer zu wechseln. In Bürogebäuden wird das schon schwieriger, z. B. aus einem Sitzungszimmer ein Großraumbüro zu machen, denn hier müssen Netzwerkleitungen und Stromleitungen neu installiert werden.

Diese nachträglichen Umrüstungen können besonders einfach vorgenommen werden, wenn z. B. in der Decke Kabeltrassen verbaut wurden und damit die einzelnen Arbeitsplätze von der Decke aus verkabelt werden können. Mit abgehängten Decken lassen sich auch Beleuchtung und diverse Sensoren einfach versetzen, wobei auf die Leitungslängen zu achten ist.

8.3 Nachträgliche Änderungen sind grundsätzlich zu vermeiden, da sie sehr kostspielig sind. Wenn Änderungen allerdings unvermeidbar sind, sind Schnelligkeit und Machbarkeit sehr gefragt, denn wenn Wände aufgespitzt werden müssen oder ganze Bürotrakte zu räumen sind, ist von schnell und einfach keine Rede mehr. Außerdem sind bei Änderungen Kabellängen, Brandschutz sowie die Lichtverhältnisse neben vielen weiteren Faktoren zu beachten.

8.3.1 Wenn Wanddurchbrüche zu machen sind oder bestehende Durchbrüche geöffnet werden, sind diese wieder mit Brandabschottungen zu verschließen. Hier sind die jeweiligen Brandschutznormen zu beachten!

8.3.2 Nein! Es kommt darauf an, wozu umfunktioniert wird: Wenn aus einer Besenkammer ein Einmann-Büro werden soll, wird das sehr schwierig. Damit lässt sich keine pauschale Aussage treffen, sondern es ist von Fall zu Fall zu prüfen.

Musterlösung zu Übung 9

9.1 Siehe Abbildung 15 und Tabelle 22.

9.1.1 Schematische Zeichnung einer RLT-Anlage in Verbindung mit 9.1.2:

9.1.2 Erfassung von Benutzereingaben und Verbrauchsdaten für Jahresabrechnungen:

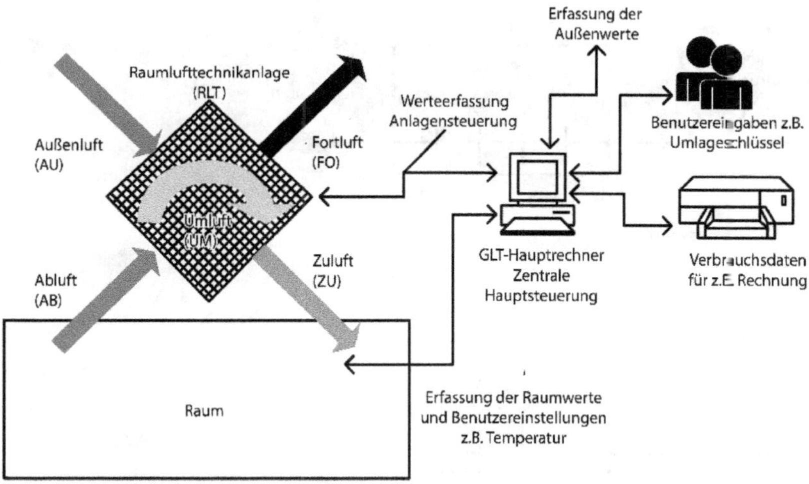

Abbildung 20: RLT-Anlage mit Schnittstellen zum GLT und GLC

9.1.3 Weil die RLT-Anlage bereits Frischluft von der Umwelt einsaugt und in den Raum befördert.

9.1.4 RLT-Anlagen sind wechselnden Temperaturen sowie – durch die angesaugte Raumluft – einer Vielzahl an Bakterien, Pilzen und anderen Mikroorganismen ausgesetzt. Daher ist die Hygiene gerade beim Arbeiten an und in RLT-Anlagen besonders wichtig, damit die Monteure sich nichts einfangen. Außerdem kann eine Hygienereinigung in festen Zeitabständen gefordert sein.

9.2 Wärmepumpen bedienen sich der Erdwärme. Das bedeutet, dass eine spezielle Lauge in eine bestimmte Tiefe ins Erdreich durch Leitungen in Bohrlöchern geleitet wird und so die Wärme ins Haus transportiert wird. Dort wird diese Wärme zur Gewinnung von Heizenergie genutzt.

9.2.1 Im Heizkessel sind neben den Heizspiralen der Heizung auch Spiralen für die Solarkollektoren eingearbeitet, die das Wasser entsprechend aufheizen.

9.2.2 Für die Steuerung der Anlagen sowie die Umwälzpumpen für das Heizungs- und Warmwasser.

9.3 Siehe Tabelle 23

9.3.1 Eine Klimaanlage kann beispielsweise so aufgebaut sein:

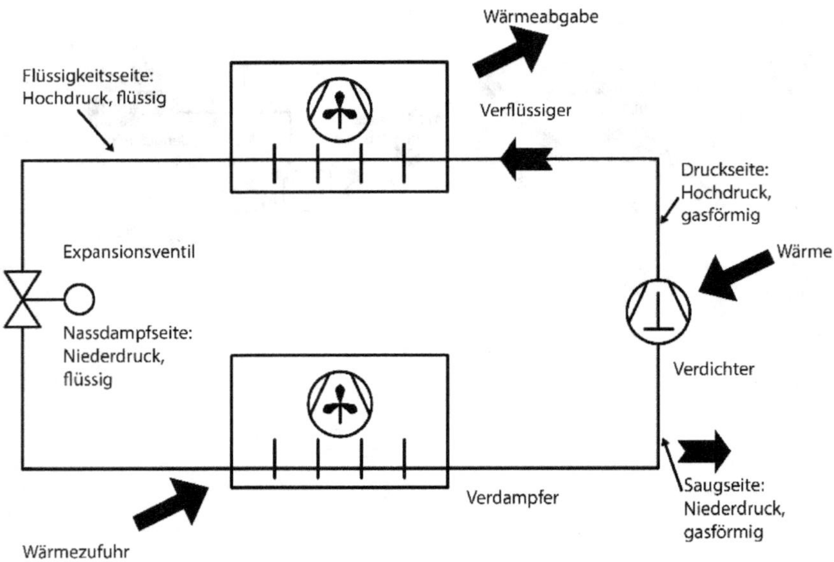

Abbildung 21: Aufbau einer Klimaanlage

9.3.2 Elektrische Energie wird zur Steuerung, Regelung und zur Überwachung der Klimaanlage benötigt. Der Antrieb des Kompressors wird dabei häufig durch einen Elektromotor vorgenommen, wobei die Anlage mittels Sensoren zu überwachen ist, damit sie keine Schäden davonträgt.

9.3.3 Ja! Eine RLT-Anlage ist prinzipiell um eine Klimaanlage erweiterbar. Hier kommt es häufig auf die Platzverhältnisse im Technikraum an, denn es ist eine Verdampfer-Einheit einzubauen. Neben dieser Verdampfer-Einheit werden noch

Luftklappen und Stellmotoren benötigt, um die entsprechenden Luftverhältnisse im Raum herstellen zu können.

BEISPIELLÖSUNGEN ZU TEIL IV

Wenn Sie **Teil IV: Netzwerk- und Bustechnik** erfolgreich durchgearbeitet und die Übungen zu diesem Teil gelöst haben, können Sie die nachfolgenden Musterlösungen mit Ihren Lösungen vergleichen. Bitte beachten Sie den Hinweis, dass es sich hierbei um Musterlösungen handelt.

Musterlösung zu Übung 10

10.1 Bustechnik ist ein System zum Verpacken von Informationen und zum Bereitstellen dieser auf einem Netzwerk verschiedener Steuerungen, damit Sensoren nicht mehrfach in einer Anlage verbaut werden müssen. Des Weiteren kann ein Bussystem zur einfachen Fehlersuche sowie zu zentralen Updates unterschiedlicher Geräte innerhalb des Netzwerks angewendet werden.

10.1.1 Die Nachrichtenübermittlung erfolgt paketweise. Das bedeutet:

1. Eine Information wird verpackt und mit einem Ziel versehen.

2. Die Information wird über das Netzwerk verschickt.

3. Die Information wird an jedem Steuergerät eingelesen.

4. Nur das in der Information angesprochene Steuergerät öffnet die Nachricht und führt die darin enthaltene Aktion aus oder verarbeitet die Informationen für seine Tätigkeiten weiter.

10.1.2 Ein externer Störeinfluss kann bei TP-Leitungen bewirken, dass beide Signalpegel entsprechend dem Störeinfluss ausschwenken. Da jedoch immer die Resultierende ausgewertet wird und nicht der Ausschlag an sich, erfolgt keine fehlerhafte Interpretation der Information.

10.2 Bei der binären Codierung erfolgt der Informationsaustausch mittels logischen Ein- und Aussignalen. Dementsprechend können die logischen ‚0' und ‚1' einfach mittels Spannungsunterschieden besonders schnell übertragen werden. Innerhalb der verschiedenen Bits können je nach Anforderung mehr oder weniger

Bits übertragen werden. Dabei entsprechen 4 Bits einem Informationsgehalt von 16 Informationen. Wenn die Information 12 übertragen wird, dann wissen alle Steuerungen, was damit gemeint ist, weil sie darauf programmiert wurden.

10.2.1 Ein Bit ist die kleinste Einheit in der Digitaltechnik. Dabei stellen Bits, also die eigentlichen „Ausschläge", die einzelnen Informationen je nach Bitanzahl dar. Bytes hingegen ist die nächsthöhere Einheit der Digitaltechnik und fasst die Bits entsprechend zusammen, z. B. entsprechen 16 Bytes 128 Bits, das kann mit der Formel 8 und Formel 9 berechnet werden.

10.2.2 Je nach übertragenen Bits und übertragenen Informationen sowie innerhalb unterschiedlicher Systeme können die Informationen, sofern sie nicht irgendeiner Norm unterliegen, frei von den Herstellern (Programmierern) festgelegt werden.

10.3 Gemäß Tabelle 26 ist es erforderlich, eine Übertragung mit 16 Bit zu wählen, da 16 Bits einen Informationsgehalt von 256 haben und damit noch 100 Informationen als Reserve für spätere Erweiterungen übrig bleiben.

10.3.1 Nein, leere Bits sind wie leere Gläser im Küchenschrank: Sie stehen zur Verwendung parat.

10.3.2 Falsch! Wenn Anlagen und Systeme immer bis aufs kleinste Maß ausgereizt werden, sind nachträgliche Änderungen nicht ohne großen Aufwand realisierbar. Daher gilt es immer, gewisse Reserven zu belassen.

Musterlösung zu Übung 11

11.1 Mit der analogen Signalübertragung ist die Übertragung einer Information pro Draht/Kabel gemeint. Also die logische 1 oder die logische 0. Beispiel: Lampe ein/aus. Mit der digitalen Datenübertragung ist die gesammelte Informationsübertragung über ein Buskabel gemeint. Beispiel: Netzwerkleitung.

11.1.1 Schalter, wie Klimaanlage, Türkontakt, aber auch Drehzahlgeber.

11.1.2 Die Digitalisierung erfolgt mittels Erfassung im Steuergerät. Wenn der definierte Eingang im Steuergerät erkannt wird (positive oder negative Flanke), dann wird die Information auf das Bus gelegt und so anderen Busteilnehmern zur Verfügung gestellt.

11.2 Die Interoperabilität erfolgt mittels Gateways, diese übersetzen die unterschiedlichen Busgeschwindigkeiten und die unterschiedlichen Protokolle in die jeweils andere Form, und stellen damit die Informationen wechselseitig zur Verfügung.

11.2.1 Ein typischer Busaufbau ist in einem Kfz in verschiedenen Systemen, je nach Sicherheitsrelevanz, Schnelligkeit und Datenmenge, ausgelegt. Diese können sein:

- Antriebsbus, bestehend aus Motor, Getriebe, Bremse, Sicherheitssystem
- Komfortbus, bestehend aus Beleuchtung, Klimatisierung, Scheibenwischer
- Multimediabus, bestehend aus Radio, Navigation, TV-Entertainment

11.2.2 Bussysteme werden im Kfz typischerweise nach Schnelligkeit und Sicherheitsrelevanz ausgelegt. Demnach hat es eine höhere Priorität, einen Unfall zu erkennen und entsprechende Maßnahmen, wie z. B. die Aktivierung der Airbags, einzuleiten, als beispielsweise für das Durchleiten eines Anrufs zu sorgen.

11.3 Bei der Lichtwellentechnik werden elektronische Signale über eine Platine an eine Sendediode geleitet. Diese Sendediode wandelt die elektrischen Signale in ein Lichtsignal. Das Lichtsignal wird über spezielle Stecker und Lichtwellenleiter zu einer Empfangsdiode geleitet, wobei die Lichtimpulse wieder zu elektrischen Signalen werden und vom Steuergerät interpretiert und verarbeitet werden können.

11.3.1 Der Lichtwellenleiter überträgt, wie der Name bereits sagt, Lichtimpulse und keine elektrischen Impulse wie bei einem Kupferkabel. Das LWL-System kann besonders schnell besonders viele Daten übertragen, daher wird es häufig im Kfz als Multimediabus eingesetzt.

11.3.2 Störungen werden begünstigt durch:

- Knicken und Quetschen von Kabeln
- Kratzer an der Front des Steckers
- Scheuerstellen
- Wärme- oder Kälteeinwirkung

Musterlösung zu Übung 12

12.1 Wenn allgemeiner Wohlstand herrscht und die Menschen gut verdienen, können sie das Geld entsprechend ausgeben. Da der Komfort in den eigenen vier Wänden nicht zu kurz kommen soll, wird in die Gebäudeautomation investiert. Gerade in der aktuellen Niedrigzinsphase ist diese Investition auch besonders sinnvoll. Außerdem kommt noch hinzu, dass die Gebäudeautomation immer mehr in Mode kommt, damit will nahezu jeder diese Technik haben.

12.1.1 Mögliche Gebäude-Automationen sind: KNX, EIB, BATIBUS, EnOcean, Somfy, DALI, LON, LCN, SMI, OSGI, ZigBee, KNX-RF, Z-Wave, Bluetooth, WLAN, etc. Eine nähere Beschreibung erfolgt an dieser Stelle nicht.

12.1.2 Es wird eine Art Gateway benötigt, um die Funksignale des Tasters, der Fernbedienung oder anderer Geräte in der vorhandenen verdrahteten Anlage umzusetzen und andersherum.

Die Installation dürfen Sie selbst nicht vornehmen. Sie sind gezwungen, einen Elektriker zu beauftragen, der Ihnen die gewünschten Anwendungen installiert und programmiert.

12.2 Die Verbindung mit dem Internet ist deshalb notwendig, da die meisten Benutzer immer einen Zugang zu den jeweiligen Systemen haben möchten. Ob das immer und bei jeder Anwendung notwendig ist, ist durch den Nutzer selbst zu entscheiden. Allerdings ist es ein extremes Sicherheitsrisiko, denn jeder Netzwerkteilnehmer ist ein potenzieller Angriffspunkt für Hacker aus dem Internet, die sich Zutritt zu Ihrem Netzwerk verschaffen wollen.

12.2.1 Falsch! Je nach Anwendungsfall und Gerät kann der über POE zur Verfügung gestellte Strom nicht ausreichen. Beispielsweise kann ein Drucker nicht über POE betrieben werden, eine Dom-Kamera hingegen schon, da sie vergleichsweise einen Bruchteil des Stroms benötigt.

12.2.2 Austausch bisheriger ISDN-Anlage wie Modems, Telefonapparat, Strom, denn ohne Strom funktioniert die IP-Telefonie nicht mehr [20].

12.3 Wenn die einzelnen Anlagen bereits bestehen und nicht erneuert werden sollen, da sie einen hohen Neuwert haben, ist der Einsatz verschiedener Gateways notwendig, um die Anlagen ins Netzwerk einbinden zu können, denn nur mit einem effizienten Informationsaustausch können die Anlagen ihre volle Energieeinsparung entfalten.

12.3.1 Die Gateways sind entsprechend auf die einzelnen Anlagen zu programmieren. Bei einer KNX-Busanbindung werden Verbindungen definiert, die innerhalb der Anlage verteilt und vergeben werden können.

12.3.2 Eine gute Vernetzung ist notwendig, um möglichst viele Informationen zu übertragen, auszuwerten und in die Tat umzusetzen, damit möglichst viel Energie auf Basis verschiedener Informationen, wie geöffneten Türen und Fenstern oder einstrahlender Sonne, erfolgen kann.

Anlage zum Buch

In den nachfolgenden Anlagen zum Buch werden beispielsweise Einzelheiten zu einer KNX-Anlage aufgezeigt.

1. Aufbau von Adressen:

Der Aufbau von Adressen in einem einzelnen Haus kann nach der folgenden Tabelle aufgebaut werden.

Benennung	Adresse
0 Gesamtgebäude **Betreffend das ganze Gebäude**	**0/0/0**
Windsensor	0/1/1
Außenlichtsensor	0/1/2
Außentemperaturfühler	0/1/3
1 Außenanlage **Topologie Außenanlage**	**1/0/0**
Garage	1/1/0
Garten	1/2/0
Einfahrt	1/3/0
2 Keller **Topologie Keller**	**2/0/0**
Heizung	2/1/0
Hobbyraum	2/2/0
Keller	2/3/0
Technik	2/4/0
3 Erdgeschoss **Topologie Erdgeschoss**	**3/0/0**
Badezimmer	3/1/0
Diele	3/2/0
Flur	3/3/0
Küche	3/4/0
Treppenhaus	3/5/0
Wohnzimmer	3/6/0
4 Obergeschoss **Topologie 1. OG**	**4/0/0**
Badezimmer	4/1/0
Büro	4/2/0
Flur	4/3/0
Kinderzimmer Ost	4/4/0
Kinderzimmer West	4/5/0

Schlafzimmer	4/6/0
5 Dachgeschoss **Topologie Dachgeschoss**	**5/0/0**
Galerie	5/1/0
6 Sonstiges **Sonstiges, nicht zugeordnet**	**6/0/0**
Gateway	6/1/0

Tabelle 28: Aufbau von physikalischen Adressen innerhalb eines KNX-Netzwerks

2. Definition von Gebäudefunktionen

Die Gebäudefunktionen werden in direkter Zusammenarbeit mit der Kundschaft erarbeitet und erstellt. Diese Funktionen sind besonders sorgfältig in der ETS zu dokumentieren, sodass im Nachhinein eine schnelle Einarbeitung in die Anlage gewährleistet ist. Tabelle 29 veranschaulicht diese Übersicht mit allen notwendigen Daten.

Gebäude: Gebäude externe Anlagenteile		Aktion	Art des Signals	Übertragung
Adresse + Benennung	Bedingung			
Einfahrt				
1/3/20 Gebäude Einfahrt	Schalten	Schalten	Lokal	Am Linienkoppler filtern
1/3/21 Gebäude Einfahrt	Status	Schalten	Lokal	Am Linienkoppler filtern

Garage				
1/3/18 Gebäude Garage	Schalten	Schalten	Lokal	Am Linienkoppler filtern
1/3/19 Gebäude Garage	Status	Schalten	Lokal	Am Linienkoppler filtern
Garten				
1/3/22 Gebäude Garten	Schalten	Schalten	Lokal	Am Linienkoppler filtern
1/3/23 Gebäude Garten	Status	Schalten	Lokal	Am Linienkoppler filtern
Heizung Automatik				
1/3/41	Ist Temperatur	Temperatur PC	Lokal	Am Linienkoppler filtern
Gebäude Heizung Automatik				
1/3/42	Solltemperatur	Temperatur PC	Lokal	Am Linienkoppler filtern
Gebäude Heizung Automatik				
1/3/43	Betriebsart	HVAC Modus	Lokal	Am Linienkoppler filtern
Gebäude Heizung Automatik				

1/3/44	Fensterkontakt	Fenster/Tür	Lokal	Am Linienkoppler filtern
Gebäude Heizung Automatik				
1/3/45	schaltende Stell-größe	Schalten	Lokal	Am Linienkoppler filtern
Gebäude Heizung Automatik				
Heizung manueller Wert				
1/3/46	Ist Temperatur	Temperatur PC	Lokal	Am Linienkoppler filtern
Gebäude Heizung manueller Wert				
1/3/47	Solltemperatur	Temperatur PC	Lokal	Am Linienkoppler filtern
Gebäude Heizung manueller Wert				
1/3/48	stetige Stell-größe	Prozent (0 bis 100 %)	Lokal	Am Linienkoppler filtern
Gebäude Heizung manueller Wert				
1/3/49	Betriebsart	HVAC Modus	Lokal	Am Linienkoppler filtern
Gebäude Heizung manueller Wert				
1/3/50	Fensterkontakt	Fenster/ Tür	Lokal	Am Linienkoppler filtern
Gebäude Heizung manueller Wert				

Terrasse				
1/3/24 Gebäude Terrasse	Schalten	Schalten	Lokal	Am Linienkoppler filtern
1/3/25 Gebäude Terrasse	Status	Schalten	Lokal	Am Linienkoppler filtern

Tabelle 29: Definition von Gebäudefunktionen einer KNX-Anlage hier: externe Gebäudeteile

3. Definition von Parametern

Je nach KNX-Anwendung kann es notwendig sein, gewisse Parameter vorzunehmen. In der nachfolgenden Tabelle werden beispielhaft solche Einstellmöglichkeiten aufgezeigt.

1.1.6 MDT technologies BE-TA5508.01 Taster				BE-TA5508.01 Taster 8-fach			
Funktion	**Name Beschreibung**	**Objektfunktion**	**Priorität**	**Flags**	**Datentyp**	**Gruppenadressen**	**Parameter**
0	Taste 1	Schalter	Niedrig	K S –	Schalten, Schalten	1/0/1 S	
	Licht Manuell						
1	Taste 1	Wert für Umschaltung	Niedrig	K SÜA –	Schalten, Schalten		
5	Taste 2	Dimmen Ein/Aus	Niedrig	KL Ü –	Schalten, Schalten		
6	Taste 2	Dimmen	Niedrig	KL Ü –	Dimmer Schritt	1/1/1 s	
	Licht dimmen						

7	Taste 2	Wert für Umschal-tung	Niedrig	K SÜA –	Schalten, Schalten		
10	Taste 3	Dimmen Ein/Aus	Niedrig	KL Ü –	Schalten, Schalten		
11	Taste 3	Dimmen	Niedrig	KL Ü –	Dimmer Schritt	1/2/1 S	
	Licht Dimmen						
12	Taste 3	Wert für Umschal-tung	Niedrig	K SÜA –	Schalten, Schalten		
15	Taste 4	Schalter	Niedrig	KL Ü –	Schalten, Schalten	1/1/3 S	
	Brun-nen						
16	Taste 4	Wert für Umschal-tung	Niedrig	K SÜA –	Schalten, Schalten		
20	Taste 5	Schalter	Niedrig	KL Ü –	Schalten, Schalten	1/2/2 S	
	Steckdo-sen						
21	Taste 5	Wert für Umschal-tung	Niedrig	K SÜA –	Schalten, Schalten		
25	Taste 6	Schalter	Niedrig	KL – Ü –	Schalten, Schalten	1/1/2 S	
	Steckdo-sen						
26	Taste 6	Wert für Umschal-tung	Niedrig	K SÜA –	Schalten, Schalten		
30	Taste 7	Schalter	Niedrig	KL Ü –	Schalten, Schalten		
31	Taste 7	Wert für Umschal-tung	Niedrig	K SÜA –	Schalten, Schalten		
35	Taste 8	Schalter	Niedrig	KL Ü –	Schalten, Schalten		
36	Taste 8	Wert für Umschal-tung	Niedrig	K SÜA –	Schalten, Schalten	2/0/1 S	
	MDT-						

Geräteparameter							
Allgemeine Einstellung							
	Zeit langer Tastendruck [s]		0,2 s		Geräteanlaufzeit		1 s
	Verhalten bei Busspannungswiederkehr		Werte für				
			Umschaltung				
			abfragen				
Konfiguration der Tasten							
	Funktion Tasten 1 / 2 (oben, links / rechts)		Tasten einzeln		Funktion Tasten 3/4 (2. Reihe, links / rechts)		Tasten einzeln

Tabelle 30: Beispielhafte KNX-Parameter eines Wandtasters mit Adressen

Dieser kleine Auszug eines realen KNX-Wandtasters aus dem Hause MDT [21] zeigt die verschiedenen Konfigurationsmöglichkeiten des Gerätes auf. Je nach freigeschalteten Möglichkeiten können auch eigene Parameter entwickelt und definiert werden.

Verzeichnisse

In diesem Kapitel sind zu allen Rubriken Verzeichnisse aufgeführt. Die Verzeichnisse sollen die Arbeit mit dem Buch erleichtern und Inhalte schneller auffindbar machen.

ABKÜRZUNGEN

A........Ampere

AC........Wechselstrom

BUS........Binary Unit System

CAN........Controller Area Network

cd........Candela

DC........Gleichstrom

DGUV........Deutsche Gesetzliche Unfallversicherung

E-CAD........Electrical Computer Aided Design

ETS........Engineering Tool Software

GLC........Gebäudeleitcomputer

GLT........Gebäudeleittechnik

HAK........Hausanschlusskasten

HLK........Heizung/Lüftung/Klimatisierung

Hz........Hertz

K........Kelvin

Kfz........Kraftfahrzeug

kg........Kilogramm

Lkw........Lastkraftwagen

LSS..........Leitungsschutzschalter

LWL..........Lichtwellenleiter

m..........Meter

mol..........Mol

MSS..........Motorschutzschalter

PAS..........Potenzialausgleichsschiene

Pkw..........Personenkraftwagen

POE..........Power over Ethernet

PWM..........Pulsweitenmodulation

RCD..........Fehlerstromschutzschalter

RLT..........Raumlufttechnik

SIL..........Sicherheitsintegritätslevel

s..........Sekunde

TP..........Twisted Pair

V..........Volt

W..........Watt

z. B..........zum Beispiel

Ω..........Ohm

FORMELN

TABELLEN

ZEICHNUNGEN

QUELLEN UND WEITERFÜHRENDE LITERATUR

[1] „Gabler Wirtschaftslexikon: gratis + vollständig als Lexikon online". https://wirtschaftslexikon.gabler.de/ (zugegriffen Dez. 22, 2020).

[2] K. Tkotz u. a., Fachkunde Elektrotechnik, 28. Haan-Gruiten: Europa-Lehrmittel, 2012.

[3] „Norm DIN EN ISO 80000-1", Deutsch Institut für Normung, 2021. https://www.din.de/de/mitwirken/normenausschuesse/natg/veroeffentlichungen/wdc-beuth:din21:185692981 (zugegriffen Juni 19, 2021).

[4] BG ETEM, Sicherheit bei Arbeiten an elektrischen Anlagen. BG ETEM, 2015.

[5] DIN EN 60617, Bd. DIN EN 60617-2/-11:1996. 1996, S. 173. Zugegriffen: Juni 25, 2021. [Online]. Verfügbar unter: http://student.4must.be/wp-content/uploads/2013/09/DIN-EN-60617.pdf

[6] „Seit wann gibt es Strom? – Geschichte | VERIVOX". https://www.verivox.de/strom/themen/seit-wann-gibt-es-strom/ (zugegriffen Juli 04, 2021).

[7] R.-R. Chichowski, Kenngrößen für die Elektrofachkraft, 3. Berlin: VDE Verlag GMBH, 2017.

[8] B. Aschendorf, Energiemanagement durch Gebäudeautomation. Wiesbaden: Springer Fachmedien, 2014.

[9] „kfz-tech.de – Glasfaser (Datenübertragung)". https://kfz-tech.de/Biblio/Digitaltechnik/Glasfaser.htm (zugegriffen Juli 18, 2021).

[10] H. Merz, T. Hansemann, und C. Hübner, Gebäudeautomation, 2. München: Hanser Verlag, 2015.

[11] J. Demarest und KNX Association, KNX Grundkurs Ausgabe 01/2015, 4. 2015.

[12] F. Sokollik, P. Helm, und R. Seela, KNX für die Gebäudesystemtechnik in Wohn- und Zweck-bau, 6. Berlin: VDE Verlag GmbH, 2016.

[13] J. Demarest und KNX Association, KNX Aufbaukurs Ausgabe 11/2013, 4. 2013.

[14] „Stern Dreieck Schaltung – Elektricks.com". https://elektricks.com/stern-dreieck-schaltung/ (zugegriffen Juli 04, 2021).

[15] „Stern-Dreieck-Schalten von Drehstrommotoren", S. 12, 2006.

[16] „Wechselschaltung anschließen | mit Schaltplan". https://www.zaehlerschrank24.de/wechselschaltung-installation-mit-schaltplan (zugegriffen Juli 04, 2021).

[17] „Elektrische Betriebsmittelkennzeichen (DIN EN 61346 Teil 2) Neu DIN EN 81346-2:2010-05", S. 5, Zugegriffen: Juli 11, 2021. [Online]. Verfügbar unter: https://ueba.elko-net.de/multimedia/MM_UEBA_V2/EAT/ET+2_04+at/InfoPool/Fachtexte/Grundlagen+Elektrotechnik+Messtechnik/Betriebsmittelkennzeichen-p-20023226.pdf

[18] „Elektrik - Scheibenwischer". http://www.kks-serviceteam.de/Homepage/Info/Elektrik/wischer.html (zugegriffen Juli 11, 2021).

[19] „Batterien 3/5 – Laden mit der Lichtmaschine". https://www.mergerandfriends.de/technik/strom-an-bord/batterien/40-batterien-3-5-laden-mit-der-lichtmaschine (zugegriffen Juli 11, 2021).

[20] „IP-Telefonanschluss - das sind die Vor- und Nachteile - PC-WELT". https://www.pcwelt.de/a/ip-telefonanschluss_-_das_sind_die_vor-_und_nachteile-voip___ngn,3074855 (zugegriffen Juli 18, 2021).

[21] „Taster". https://www.mdt.de/Taster.html (zugegriffen Juli 18, 2021).

Wir danken Ihnen für Ihr Interesse und Ihr Vertrauen. Als Dankeschön dafür, haben wir eine besondere Überraschung. Wir haben einen **ultimativen Guide für Elektronikfans** für Sie. Und dieses erhalten Sie vollkommen kostenlos. Das klingt wunderbar? Dann warten Sie nicht lange und holen Sie sich Ihr Gratis-Geschenk.

Hier geht es zu Ihrem Gratis-Geschenk:

https://forms.gle/5UwtBj2RQ8cNtuqUA

1. **Öffnen Sie die Kamera-App auf Ihrem Smartphone und richten Sie die Kamera auf den QR-Code.**
2. **Klicken Sie auf den Link, der Ihnen angezeigt wird und schon werden Sie zur Website weitergeleitet.**

Impressum

Verlag: Orbita Media Verlag GmbH & Co. KG / Ericusspitze 4 / 20457 Hamburg / Deutschland
Website: https://orbita-media.de
Cover Image: Shutterstock
ISBN: 9783989358522

Haftungsausschluss:
Die Nutzung dieses Buches und die Umsetzung der enthaltenen Informationen, Anleitungen und Strategien erfolgt auf eigenes Risiko. Der Autor kann für etwaige Schäden jeglicher Art aus keinem Rechtsgrund eine Haftung übernehmen. Haftungsansprüche gegen den Autor für Schäden materieller oder ideeller Art, die durch die Nutzung oder Nichtnutzung der Informationen bzw. durch die Nutzung fehlerhafter und/oder unvollständiger Informationen verursacht wurden, sind grundsätzlich ausgeschlossen. Rechts- und Schadenersatzansprüche sind daher ausgeschlossen. Dieses Werk wurde sorgfältig erarbeitet und niedergeschrieben. Der Autor übernimmt jedoch keinerlei Gewähr für die Aktualität, Vollständigkeit und Qualität der Informationen. Druckfehler und Falschinformationen können nicht vollständig ausgeschlossen werden. Es kann keine juristische Verantwortung sowie Haftung in irgendeiner Form für fehlerhafte Angaben vom Autor übernommen werden.

Die bereitgestellten Analysen, Vorschläge, Ideen, Meinungen, Kommentare und Texte sind ausschließlich zur Information bestimmt und können ein individuelles Beratungsgespräch nicht ersetzen. Alle Informationen dieses Buches entsprechen dem Kenntnisstand zum Zeitpunkt des Verfassens dieses Buches. Eine Haftung für mittelbare und unmittelbare Folgen aus den Informationen dieses Buches ist somit ausgeschlossen. Informieren Sie sich weitläufig aus unterschiedlichen Quellen und bedenken Sie, dass am Ende nur Sie für die Entscheidungen verantwortlich sind.

Haftung für externe Links
Unser Angebot enthält Links zu externen Websites Dritter, auf deren Inhalte wir keinen Einfluss haben. Deshalb können wir für diese fremden Inhalte auch keine Gewähr übernehmen. Für die Inhalte der verlinkten Seiten ist stets der jeweilige Anbieter oder Betreiber der Seiten verantwortlich. Die verlinkten Seiten wurden zum Zeitpunkt der Verlinkung auf mögliche Rechtsverstöße überprüft. Rechtswidrige Inhalte waren zum Zeitpunkt der Verlinkung nicht erkennbar.

www.ingramcontent.com/pod-product-compliance
Lightning Source LLC
La Vergne TN
LVHW010758051026
849532LV00007B/2398